BBC earth

冰冻星球 II

FROZEN PLANET II

冰冻世界

[英] 丽莎·里根 文 管靖 译

科学普及出版社
·北 京·

目录

4 冰冻世界

6 冰的形态

8 奔赴海洋: 帝企鹅

12 冰山

14 浮冰上下: 韦德尔海豹

16 巡猎者: 虎鲸

18 冰上小剧场: 波浪冲击!

21 南极洲

22 冰上王者: 北极熊

27 喀喇昆仑山脉

28 寒地之猫: 兔狲

30 冻原遗民: 麝牛

32 吹起红气球: 冠海豹

冰冻世界

冰冻地带不仅存在于地球的南极地区和北极地区，还存在于二者之间的许多地区。这些地区有的终年冰封；有的则因海拔较高而覆盖着层层积雪；还有的冬季气温可降至 0 摄氏度以下，而到了夏季气温又会大幅上升，因此，这里的生物过着季节性的生活。栖息在冰冻世界中的动物无一例外地具有绝佳的适应能力和特殊的生活方式。

在冬季，北冰洋是地球上唯一一个洋面几乎完全冻结的大洋。洋面结成的冰会形成浮冰层，而这些浮冰会随着季节性的升温而破裂。

何处寻踪

在南极肆虐的寒风中，勇敢的帝企鹅和它们的宝宝顽强地求生；漂着浮冰的南极洲海域，韦德尔海豹正在躲避它们的天敌——威风凛凛的虎鲸的追杀。

一路向北，在酷寒的蒙古草原上，生活着样貌乖张、引人注目的兔狲；而在北极地区安家的，除了标志性动物北极熊，还有生活在冻原上的麝牛，以及长着独特鼻囊的冠海豹。

冰的形态

冰，简单来说，就是冻结的水。通常，当温度降至 0 摄氏度以下时，冰就形成了。冰的形态多种多样，有些形态可以长期存在，而有些几乎转瞬即逝。

在冰的各种形态中，维持时间最短的包括霜和雪。霜是空气中的水汽在地面物体上凝结成的冰晶。霜可以在植物和岩石上形成，也可以在道路、房屋和其他物体表面上形成。如果冰晶在云层中形成，它们就会“粘”在一起，形成雪花，在达到一定重量时飘落而下，形成降雪。

雪落在山上，层层堆积并被压实，历经漫长岁月，逐渐形成冰川。

格陵兰冰盖是世界第二大冰盖，平均厚度超过1 500米，其部分冰层可能形成于几百万年前。

冰川、冰帽和冰盖中的冰都是永久冰。有些永久冰存在于世界上海拔最高的一些地方，那里的山峰终年被冰雪覆盖；更多的永久冰存在于南极地区和北极地区，在那里，甚至连海洋都被冰雪覆盖。世界上所有冰冻地带构成了地球的冰冻圈。冰冻圈的作用非常大，因为其白色表面会将阳光反射回太空，使地球表面保持凉爽。

生存危机

地球大气中温室气体（尤其是二氧化碳）含量的增加会导致气温升高，这就是所谓的全球气候变暖。而这一现象带来了严重的影响，加剧了气候变化。科学家们观察到的现象证明，对全球气候变暖的担心并非杞人忧天：格陵兰冰盖上出现了巨大“融湖”，这些从太空俯瞰就可以看见的“融湖”表明，正在融化的冰多于正在形成的冰。这样的变化不仅导致动物栖息地减少，使物种面临灭绝的危险；还导致海平面上升，造成洪水泛滥，给人类生活造成了严重的破坏。

奔赴海洋：帝企鹅

世界上唯一一种可以在南极的冬季繁殖的生物就是帝企鹅。成千上万只成年帝企鹅聚集在一起，忍受着低至零下 40 摄氏度的严寒，等待雏鸟孵化。亲鸟会奔赴海洋，前去觅食，然后再返回雏鸟身旁，哺育雏鸟。一旦雏鸟长到足够大，亲鸟就会任由它们自己踏上去往大海的征途，开始自力更生。

帝企鹅妈妈产下蛋后，会小心而迅速地把蛋转移到帝企鹅爸爸的脚上。帝企鹅爸爸把蛋安置在脚背上，防止蛋碰到冰面，并用身上的一种特殊结构——育雏囊给蛋保暖。帝企鹅妈妈则长途跋涉，穿过广阔的海冰，到海洋中觅食，用两个月左右的时间来为自己的身体补充能量。等它回来的时候，蛋已经孵化完成，一只毛茸茸的灰色帝企鹅宝宝正嗷嗷待哺。

帝企鹅父母会轮流离开雏鸟，前去觅食。吃下去的鱼会被反刍成臭烘烘的食糜，帝企鹅父母回到雏鸟身边后，就将其喂给成长中的帝企鹅宝宝。

为了抵抗最恶劣的天气，小帝企鹅们成群地依偎在一起，就像一个托儿所。帝企鹅宝宝小的时候，父母会喂养它们；但终有一天，帝企鹅父母会回到海洋中，不再返回孩子身边。夏天到了，小帝企鹅们身上蓬松的绒羽开始脱落。换羽完成后，小家伙们就拥有了和成年帝企鹅一样可以防水的覆羽，它们也可以去捕鱼了。

五个月大的小帝企鹅们成群结队地向海边进发。它们排着队，摇摇晃晃地向前走。为了加快速度，小帝企鹅们有时还会“雪橇式滑行”。时值夏季，海冰的面积减小，小帝企鹅们去往海洋的路程比它们父母走的路程要短。但是，科学家们至今还不清楚为什么它们初次上路就能找到正确的路线。

南极地区时常狂风呼啸。当暴风雪来临时，成年帝企鹅会为它们的孩子遮风挡雪。

对于小帝企鹅来说，下水可是件很危险的事情，因为它们不仅不会游泳，还要面对虎鲸和豹形海豹等危险的捕食者。成年帝企鹅不会教小帝企鹅如何潜水和捕食，小家伙们必须自己摸索。

小档案

帝企鹅

学名： *Aptenodytes forsteri*

分布： 南极大陆及附近海域

受胁等级： 近危

身高： 110 ~ 122 厘米

体重： 22 ~ 45 千克

野外寿命： 15 ~ 20 年

食物： 鱼、磷虾、枪乌贼等。

特征： 世界上体形最大的企鹅。身体呈流线型，翅膀坚硬，有锋利的爪子。成年帝企鹅腹部为白色，头部、背部、尾部和翅膀均呈黑色，头上有金黄色斑纹。

扫码看视频

冰山

地球上的一部分淡水被“封锁”在冰山中。冰山是冰川末端或冰盖边缘断裂、滑落到海洋中形成的，这个过程叫“裂冰”。冰的密度比海水小，所以冰山会漂浮在海面上。

随着冰川由陆向海的运动，冰川冰会变得不稳定，继而断裂，形成冰山。有些冰山体积庞大，就像高楼大厦一般；有些冰山相对较小，顶多像一座小房子那么大，被称为小型冰山；有些冰山更小，像汽车那么大，被称为碎冰山。冰山的主体部分隐没在海面之下，并没有显露出来，这对过往船只来说非常危险。

冰山越古老，其隐藏在水面之下的部分可能越多。一般来说，冰山露出水面的部分大约占冰山总体积的三分之一，但年代久远的冰山可能只有十分之一露出水面。

生存危机

两极地区气温上升导致了融冰的增加，而这种情况加快了冰川运动的速度，也意味着冰川会更快地汇入海洋，丧失稳定性，并更频繁地崩解，形成冰山。在过去的 20 年里，越来越多的冰山在格陵兰岛海域形成，这已经引起了科学家们的关注。2021 年夏天，格陵兰岛气温至少比往年高出 10 摄氏度，冰盖流失冰量是正常情况下的两倍。

浮冰上下：
韦德尔海豹

韦德尔海豹是生活范围最靠南的野生哺乳动物，这里的海域是冰的世界。冰层覆盖着海洋表面，到了夏天就会碎裂成更小的浮冰。这些浮冰为韦德尔海豹妈妈和它们的幼崽提供了休息场所。

韦德尔海豹在水下潜游、捕猎一段时间后，会浮出水面，到浮冰上休息。

新生的韦德尔海豹幼崽依靠富含脂肪的母乳迅速增加体重。幼崽必须长出厚厚的脂肪，以便抵御零下20摄氏度的低温和凛冽的寒风。渐渐长大的幼崽越来越强壮，母亲便会敦促它们下水，在水中学会自食其力。

韦德尔海豹

小档案

学名： *Leptonychotes weddellii*

分布： 南极大陆海岸及附近岛屿

受胁等级： 无危

体长： 2.5 ~ 3.3 米

体重： 400 ~ 600 千克

特征： 体形庞大，而头部相对较小；背部呈灰褐色，腹部呈斑驳的银白色；前肢短小。

成年韦德尔海豹拥有出色的潜水能力，可以潜到水下600米深的地方。通常，它们每次潜入水下会停留半小时左右，寻觅食物。刚开始下水的幼崽最初只能潜2米深，然后逐渐增加到15米，而它们的憋气时间最长只有8分钟。慢慢地，它们每天可以在水里待21小时，练习游泳、潜水，寻觅食物。

巡猎者：虎鲸

虎鲸是海洋中的顶级捕食者，它们成群结队地在南极洲周围水域巡游捕猎。捕猎的虎鲸群由一头经验丰富的雌性虎鲸领导，其他成员包括一头成年雄性虎鲸、几头更年幼的雌性虎鲸，以及虎鲸幼崽。

一头虎鲸平均每天需要吃掉重量与一只海豹的体重相当的食物，这意味着一个由10名或更多成员组成的虎鲸群每天的捕猎任务相当繁重。

不同的虎鲸群在猎物的选择和捕猎的方式上有所差异。有的专门在开阔水域寻找南极小须鲸；有的则喜欢猎食企鹅；还有一些虎鲸群无鱼不欢，它们会在浮冰之间游弋，或者寻找人类的渔船，偷取渔民捕获的鱼。在浮冰间捕食的虎鲸也有喜欢吃海豹的，它们主要的捕食对象是锯齿海豹或韦德尔海豹。

年幼的虎鲸会从它们的首领以及比它们年长的虎鲸那里学习捕猎技巧，不过它们还需要经过年复一年的练习才能使自己的捕猎技能日渐完善。经过数十年的学习，虎鲸在捕猎时既果断又高效。鲸群会齐心协力，共同确定捕猎策略，相互配合，以达到最佳的捕猎效果。因此，虎鲸捕获猎物的成功率可高达百分之九十。

小档案

虎鲸

学名： *Orcinus orca*

分布： 全球海域

体长： 5.5 ~ 10 米

体重： 3.8 ~ 5.5 吨

野外寿命： 30 ~ 90 年

食物： 因地而异，包括枪乌贼、企鹅、海豹、鲨鱼及其他鱼类，甚至还有其他鲸和海豚。

特征： 体形庞大，呈鱼雷状、流线型，雄性的体形比雌性大；体色以黑色为主，有白色斑纹；背鳍、胸鳍和尾鳍都很大。

有些雌性虎鲸能活到100多岁。

冰上小剧场：波浪冲击！

在南极洲周围水域的浮冰间捕猎的虎鲸专门寻找和捕捉海豹。它们的首选猎物是韦德尔海豹，因为这种海豹相对温顺、易于捕捉。虽然锯齿海豹更为常见，但它们的反抗性更强。虎鲸群团队协作，捕猎技巧高超。它们会使出“波浪冲击”这个绝招，迫使韦德尔海豹离开它们的冰上庇护所。

一只韦德尔海豹正在冰面上休息，然而水里的动静引起了它的警惕……

是正在捕猎的虎鲸！虎鲸正在靠近，不过韦德尔海豹身处浮冰中央，虎鲸可望而不可即。

扫码看视频

虎鲸会通过“浮窥”来获得更好的视野。它们将头伸出水面，寻找猎物。

此时，两头虎鲸并排游向浮冰。它们会掀起波浪，试图将韦德尔海豹冲下冰面。

更多的虎鲸游了过来。它们排成一排，一同极速游进，这样可以激起大约1米高的波浪，从而掀翻浮冰。韦德尔海豹一旦被波浪冲入水中，虎鲸便立刻调转方向，捕捉韦德尔海豹。

南极洲

南极洲是全球最寒冷的大洲。南极大陆被地球上最大的一块冰覆盖，在大陆周围，环绕着冰冻的海洋。那里是重要的栖息地，生活着各种奇妙的生物，有鲸这样的庞然大物，还有隐藏在冰层之下的微小的浮游植物。海洋中漂浮着无数冰山，有些冰山的面积堪比一个国家。有的地方还耸立着摩天大楼般高大的陆缘冰，令人叹为观止。

然而，气候变化正给南极洲带来巨大的影响，南极洲部分区域已经成为南半球变暖速度最快的地区，降雪正在被降雨取代，气温不断攀升，固定冰和浮冰的面积都在逐年缩小。这样的变化对在这里生存繁衍的动物造成了影响。例如，韦德尔海豹待在海滩上的时间增加了，待在浮冰上的时间减少了，这就意味着虎鲸很难继续使用它们早已习惯的捕猎方式，也无法继续在原来的位置捕猎。

冰上王者：北极熊

北极熊非常适应北极冰天雪地里的生活。它们在积雪堆中挖洞做窝，循着海冰捕猎，那里有它们的主要猎物：环斑海豹和髯海豹。

北极熊是出色的游泳健将，它们会在浮冰之间游来游去，寻找海豹及其幼崽。北极熊还会以一种类似于守株待兔的方式来捕捉海豹：它们找到冰面上海豹用来呼吸的洞口，等在那里，一旦海豹浮出来换气，它们就立刻扑上去。海豹身上有一层厚厚的脂肪，对于饥饿的北极熊来说绝对是一顿丰盛的大餐。

北极熊的毛其实是透明的，之所以看上去呈白色，是因为毛对光线的反射。

雌性北极熊通常在十二月产崽，并且和幼崽一起在洞穴里待到春天来临的时候。在这段时间内，北极熊妈妈不吃也不喝。当北极熊妈妈带着幼崽走出洞穴后，它们必须在雪地里跋涉前行，寻找海冰。只有在有海冰的地方，饥肠辘辘的北极熊妈妈才可以捕猎，一边填饱自己的肚子，一边喂养正在成长的幼崽。

刚出生的北极熊幼崽只有灰松鼠那么大，但长得很快。它们会在妈妈身边待至少20个月。

生存危机

北极熊捕猎离不开海冰。气候变暖导致海冰减少，北极熊不得不去别处寻找食物。大量的北极熊转移到了弗兰格尔岛的海滩上，在此处聚集的海象和被冲上岸的鲸类尸体都可以成为北极熊的食物。然而，这里的北极熊数量太多了，对于带着弱小幼崽的北极熊妈妈来说相当危险。

在过去的40年里，北极地区夏季海冰的面积减少了一半。科学家们非常担心，到2035年，北极地区的夏季海冰很有可能荡然无存。

小档案

北极熊

学名： *Ursus maritimus*

分布： 北极地区的海域，涉及美国、加拿大、俄罗斯、挪威等国家

受胁等级： 易危

肩高： 可达 1.6 米

体重： 雄性 300 ~ 600 千克；雌性 200 ~ 400 千克

野外寿命： 可达 30 年

食物： 主要为海豹，也有鲸类、海象和其他较小的哺乳动物，以及鸟类和它们的蛋。

特征： 体形庞大，毛皮呈白色或黄色。耳朵和尾巴很小，有助于减少热量散失。脚掌大如餐盘；弯曲的趾甲既坚硬又锋利。

喀喇昆仑山脉

喀喇昆仑山脉位于新疆维吾尔自治区西南部，向南延入西藏自治区西北部，长约 400 千米。这条山脉包含了四座海拔 8 000 米以上的高峰以及六条长度超过 50 千米的冰川。图中展示的是喀喇昆仑山脉乔戈里峰南坡的巴尔托洛冰川。这里及周边地区的冰川不仅是附近区域的气候屏障，还是世界上超过四分之一人口的饮用和灌溉水源。和许多同类地貌一样，此处的冰川正在消融，而这一现象可以作为气候变化的证据进行研究。

寒地之猫：兔狲

这只眉头紧锁的猫科动物是兔狲，它面带“怒色”，耷拉着耳朵，看上去性情乖张。兔狲生活在世界上除两极以外最寒冷的一些地方，大多独居。

兔狲会捕食其他动物，但同时也必须防范垂涎自己的捕食者。由于腿短，兔狲跑得不快，很容易成为一些猛禽的捕食目标，因此它们会躲藏在洞穴或岩石缝隙里。兔狲生活在岩石密布、灌木丛生的草原上，它们身上棕灰色、带有一些斑纹的毛皮可以帮助它们在环境中伪装自己。和其他小型猫科动物狭缝状的瞳孔不同，兔狲的瞳孔是圆形的。

扫码看视频

腿短意味着兔狲的腹部离地面较近，幸好，它们腹部的毛比较长，可以起保暖作用。不过，这样一来，兔狲在较深的雪地里行走时就更加艰难了。

在兔狲的栖息地，部分地区的气温可降至零下30摄氏度，并伴有大雪和寒风。兔狲的毛在所有猫科动物中是最浓密的，可以有效帮助它们抵御恶劣天气。而到了夏天，它们可能又要应对20摄氏度的“高温”。只要有机会，它们就会沐浴在阳光下，以保持身体温暖，并美美地睡一觉。

兔狲的耳朵位置较低，所以当兔狲躲起来的时候，它们的耳朵不会高出稀疏的灌木丛。

小档案

兔狲

学名： *Otocolobus manul*

分布： 亚洲大陆

受胁等级： 无危

体长： 46 ~ 65 厘米

体重： 2.5 ~ 4.5 千克

野外寿命： 8 ~ 11.5 年

食物： 鼠兔、田鼠、地松鼠等小型哺乳动物，以及鸟类、蜥蜴等。

特征： 小而壮实，体形与家猫相似，但毛较长，冬季呈银灰色，春季则更接近红褐色。

冻原遗民：麝牛

北极冻原是麝牛的家园。麝牛脚上有蹄，身体强壮，长着弯曲的角，看起来像牛。但麝牛其实属于羊亚科，和绵羊、山羊的亲缘关系比和牛的亲缘关系更近。

麝牛的毛皮可以帮助它们抵御严寒。它们身上长有长长的针毛，看上去十分蓬松。在外层的针毛之下，还有一层被称为毛丝的绒毛。毛丝柔软浓密，但又很轻，起保温作用。麝牛的毛丝比羊毛暖和很多，有时会以很高的价格被出售，用来制作华贵的冬装。

小档案

麝牛

学名： *Ovibos moschatus*
分布： 丹麦格陵兰岛、加拿大，并被重新引入美国阿拉斯加、俄罗斯西伯利亚和挪威
受胁等级： 无危
肩高： 1.2 ~ 1.4 米
体重： 180 ~ 400 千克
野外寿命： 10 ~ 20 年
食物： 草类、地衣、苔藓和灌木枝条等。

保护麝牛腹部的针毛很长，几乎可以垂至地面。

一个麝牛群里的幼崽会在同一个季节出生。这些脆弱的幼崽极易受到灰熊的攻击，因为灰熊刚刚结束半年的冬眠，饥肠辘辘，急需进食。幼崽出生后六个小时就能自己站立，但还无法奔跑或自卫。通常，成年麝牛会站成一圈，头朝向圈外，用角防卫，保护圈中的幼崽。然而，当灰熊发起进攻时，成年麝牛会四散奔逃，落入熊掌的麝牛幼崽都难逃一死。

冻原地区的冬季气温可降至零下50摄氏度。

吹起红气球：冠海豹

图中这番奇特的场景是一只处于繁殖季节的雄性冠海豹正在炫耀自己。这个红色的“气球”是这只雄性冠海豹鼻子的一部分，雄性冠海豹会给它充气，使其鼓胀起来，从左边的鼻孔膨出，以此来吸引雌性。这番动作会帮助它赢得交配机会吗？

扫码看视频

雄性冠海豹把鼻子上的“气球”“吹”得鼓鼓的，不仅是为了吸引雌性，还是为了吓退其他雄性。

雌性冠海豹每年只有一天可以交配，所以雄性冠海豹必须竭尽所能来吸引雌性的注意。雄性冠海豹的第一个绝招是给自己整个鼻子前部充气。它们黑色的鼻囊通常会下垂到嘴巴前面，因此冠海豹也被称作囊鼻海豹。雄性冠海豹可以将鼻囊充满空气，使其膨胀成一个从眼睛延伸到嘴巴的深色凸起。雄性冠海豹鼻囊越大，对雌性就越有吸引力。

雄性冠海豹的第二个绝招是炫耀自己的红色“气球”，而这一招着实具有吸引力。雄性冠海豹长到六岁并且准备好交配时，就能够使鼻子充气膨胀了。然而，这个年纪的“小青年”不能随心所欲地挑选交配对象。冠海豹的交配选择有天然的顺序，年轻的“毛头小子”不得不排在更加强壮的年长者后面等待。有时它们也会相互争斗，大打出手，场面喧闹，战况激烈。获胜者将有权向心仪的雌性展示和炫耀自己。

雄性冠海豹会先给鼻囊充气，使其更硕大、更容易引起雌性注意。

在所有哺乳动物中，冠海豹的哺乳期最短，幼崽出生仅五天左右就可以断奶了。

在出生后的几天里，冠海豹幼崽每天可以增重7千克左右。

雌性冠海豹会爬上较小的浮冰碎块来产崽。它们每次产下一只幼崽，幼崽出生时体长约1米。母亲用充沛的乳汁把幼崽喂得足够强壮，幼崽出生不到一星期就能开始独立生活。

生存危机

作为冠海豹、竖琴海豹等动物的家园，北冰洋是唯一一个在冬季几乎完全冰封的大洋。然而，随着全球气候变暖，这里正在发生变化。北冰洋的外缘是世界上吸收太阳能最多的区域。冰融化得越多，深色的海水吸收的能量也就越多，而这又会使海冰融化进一步加剧。科学家们担心，终有一天，繁殖季节的海豹将再无冰面可以栖身，相应地，北极熊赖以生存的“狩猎冰场”也将不复存在。

冠海豹在二月或三月产崽，那时北冰洋上的大块浮冰正在碎裂，而这恰好是理想的时机，因为冠海豹拥有了足够的浮冰碎块来休憩、生产。但对于想要捕食的北极熊来说，这些浮冰碎块不够坚实，令它们望而却步。

哺乳期刚结束，雌性冠海豹就会开始交配。冠海豹的交配是在水中进行的。交配成功后，雌性冠海豹要度过将近一年的孕期，直到第二年春天才回到冰面上再次分娩。除了交配期，冠海豹都独自生活，并不成群结队。它们在海洋中穿梭游弋，寻觅食物，并凶悍、积极地守卫自己的领地。

小档案

冠海豹

学名：*Cystophora cristata*

分布：加拿大、丹麦格陵兰岛、冰岛、挪威

受胁等级：易危

体长：2 ~ 2.7 米

体重：160 ~ 300 千克

野外寿命：可达 35 年

食物：鱼、虾、海星、贻贝等。

特征：身体呈鱼雷形，前肢短小而有力。头骨短，鼻部宽，鼻孔大。面部呈黑色，身体呈蓝灰色，有黑色斑点。

北京市版权局著作权合同登记 图字：01-2024-5524

图书在版编目（CIP）数据

冰冻星球．Ⅱ．冰冻世界 /（英）丽莎·里根文；管靖译．-- 北京：科学普及出版社，2025. 1. -- ISBN 978-7-110-10873-4

Ⅰ. P941.6-49；Q95-49

中国国家版本馆 CIP 数据核字第 2024A4F450 号

总 策 划：秦德继	**封面设计：**张 茁
策划编辑：周少敏 李世梅 马跃华	**版式设计：**金彩恒通
责任编辑：李世梅 王一琳 边二华	**责任校对：**邓雪梅
助理编辑：王丝桐 刘 岩	**责任印制：**李晓霖

出版：科学普及出版社	**邮编：**100081
发行：中国科学技术出版社有限公司	**发行电话：**010-62173865
地址：北京市海淀区中关村南大街 16 号	**传真：**010-62173081
网址：http://www.cspbooks.com.cn	

开本：787mm×1092mm 1/12	
印张：18	**字数：**360 千字
版次：2025 年 1 月第 1 版	**印次：**2025 年 1 月第 1 次印刷
印刷：北京世纪恒宇印刷有限公司	

书号：ISBN 978-7-110-10873-4 / I · 785	**定价：**210.00 元（全 6 册）

Front cover, 4, 23 Florian Ledoux;
All interior photos courtesy of the BBC:
8 Stefan Christmann/naturepl.com;
15, 33 Justin Hofman;
28 Otgonbayar Baatargal;
30 Matthias Breiter /Minden/naturepl.com
31t Mathieu Dumond
2, 6, 7, 9, 10, 12, 14b, 18, 19, 20, 22, 24, 26, 29, 35, 36 Copyright BBC STUDIOS;

with the exception of the following images which are courtesy of Shutterstock.com:
16 robert mcgillivray; 17b vladsilver; 34 slowmotiongli

BBC earth

冰冻星球 II

FROZEN PLANET II

冰冻大地

[英] 丽莎·里根 文　管靖 译

科学普及出版社
·北　京·

目录

4 冰冻大地

6 永久冻土

8 裂土分疆：东北虎

13 北方森林

14 雪域精灵：雪鸮

16 雪地猎手：狼

18 冰上小剧场：围猎行动！

20 生生不息：旅鼠

22 极地求生：北极狐

24 牧野千里：驯鹿

28 难得一见：东北豹

33 极光

34 冰冻涅槃：拉普兰熊蜂与锦龟

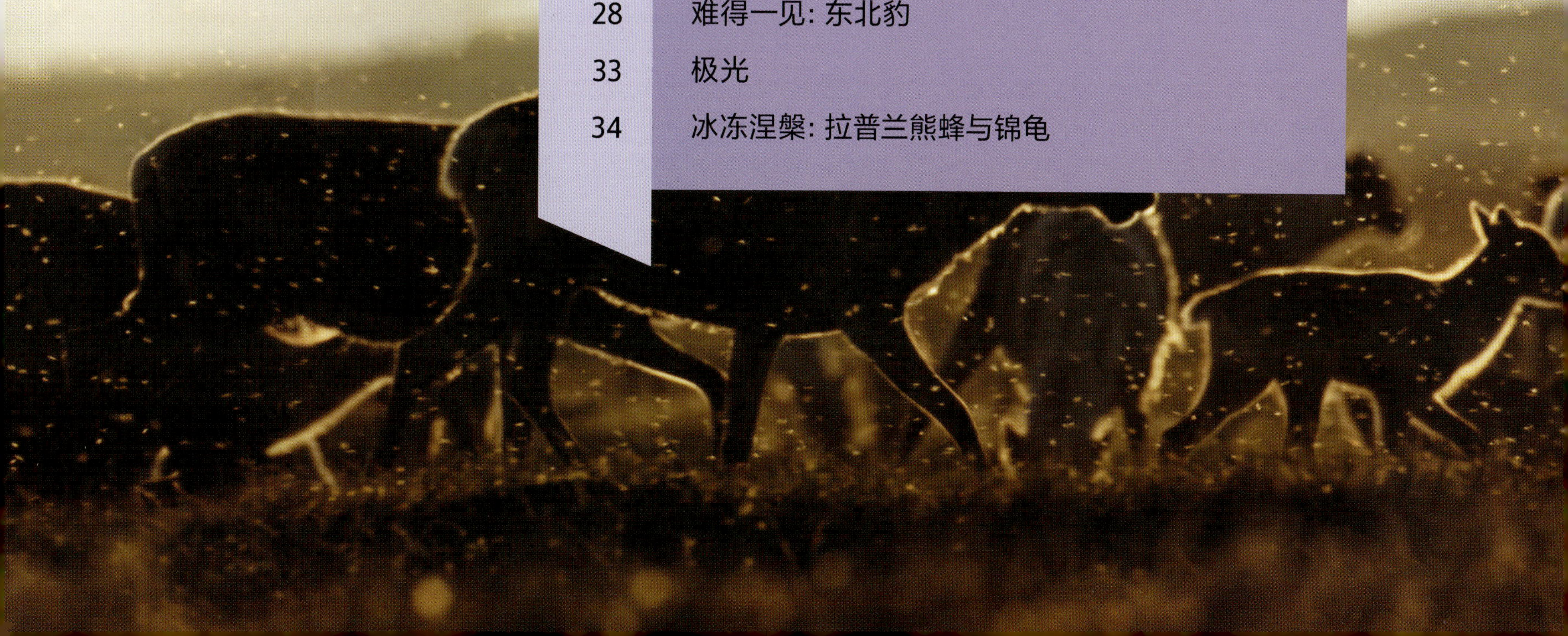

扫码看视频

冰冻大地

北极地区位于地球的最北端，主要包括北冰洋和地处北极圈内的亚洲北部、欧洲北部以及北美洲北部的陆地。这些陆地上有大片大片的冻原（又称苔原）和北方森林（又称泰加林）。这里夏季短暂，部分地区会出现极昼，全天 24 小时都是白天；冬季则漫长而寒冷，部分地区会出现极夜，全天 24 小时都是黑夜。生活在这里的动物必须适应极端环境，否则将无法生存。

何处寻踪

在亚洲，俄罗斯东部和中国东北部的北方森林里，东北虎和东北豹在同一片栖息地中捕食猎物。在北美洲，加拿大伍德布法罗国家公园中，生活着唯一能够制服美洲野牛的“超级狼群”；驯鹿沿着古老的迁徙路线长途跋涉，穿越加拿大北部；体形小巧的锦龟以非同寻常的方式度过寒冷的冬天。而在北极冻原上生活的，除了标志性动物北极狐及它们喜欢捕食的旅鼠，还有每年大半时间都在冬眠的昆虫——拉普兰熊蜂。

这些栖息在北半球高纬度地区的动物自有其生存之道。有的不断迁徙，以寻找不同季节的最佳繁殖和觅食之地；有的为了适应生存环境，身披一层厚实保暖的毛皮，以抵御严寒。

永久冻土

冰冻圈是地球上冰冻区域构成的圈层，其中包括冰山以及冰冻的河流、湖泊和海洋；也包括大陆的冰冻区，比如冰帽、冰川，以及大面积长期冻结的陆地。这些常年冰冻的陆地称为永久冻土或永冻层。

在加拿大、美国阿拉斯加、俄罗斯北部，以及北欧国家的部分地区都有永久冻土的分布。

北极圈内的大部分陆地都是冻原，这里遍布着永久冻土，即被冰冻结在一起的土石层。在这里，永久冻土层有可能很薄，厚度不超过1米；也有可能极厚，深入地表之下1 500米。永久冻土中的冰就像胶水一样，把富含碳的土壤黏合在一起，使整个地区变成一处碳汇，防止有害的温室气体释放到大气中。

生存危机

北极地区的气温升高正在导致永久冻土解冻，致使长期封锁在永久冻土里的一些有害气体重新释放到大气中。此外，一些休眠的微生物也因此复苏，引发疾病，导致一些偏远地区的鸟类、麝牛和驯鹿等动物种群数量严重下降。

自11 000多年前最近一次冰期结束以来，永久冻土层就一直存在。

永久冻土融化时会引起地表坍塌、下陷，形成地堑坑洞，这一过程被称为冻土融沉。

裂土分疆：东北虎

东北虎曾被称作西伯利亚虎，分布在亚洲东北部。它们生活在东西伯利亚针叶林的部分区域，这片针叶林是广阔无垠、环绕地球的北方森林的一部分。

东北虎的足迹曾遍及西伯利亚的大片区域，但现在它们的活动范围只局限于俄罗斯东部和中国东北部区域。

亚北极地区的冬季漫长而寒冷，气温在0摄氏度以下。东北虎的冬毛又密又长，其腹部、背部、爪子以及脖颈周围都长着一些长毛，很像狮子的鬃毛。与其他种类的老虎相比，东北虎毛色更浅，以便与冰天雪地的环境融为一体。而到了春天，东北虎的毛皮会变得更加粗糙，身上的条纹也会更加明显。这样一来，等到积雪消融，露出灌木丛的时候，它们便可借助毛皮的伪装隐匿其中。

一只成年的东北虎每年要吃掉50至70只大型哺乳动物。

生活在如此偏远、艰苦之地的一个好处是，东北虎几乎不会受到人类的打扰。它们可以自由生活，寻找属于自己的领地，远离其他老虎。成年雌虎理想的狩猎面积一般在250到450平方千米之间，它们会在自己的领地边缘留下气味标记，并在树上留下深深的抓痕，以警告其他捕食者切勿闯入。

在夏季，拥有足够狩猎空间的东北虎会每周捕猎一次，并一次性吃掉大约8千克肉。而到了冬季，为了抵御寒冷，它们捕猎的频率会增加到每五六天一次，一餐的食量也会增加到10千克左右。东北虎主要的猎物是鹿，但它们也会捕食亚洲黑熊，尤其是那些在洞穴中冬眠的黑熊。

小档案

东北虎

学名： *Panthera tigris altaica*

分布： 中国东北部、俄罗斯东部

受胁等级： 濒危

体长： 2 米左右

体重： 雄性 250 千克，雌性 190 丁克

野外寿命： 约 15 年

食物： 梅花鹿、野猪、狍等动物。

特征： 东北虎身披间杂着黑色条纹的橙色毛皮，但相比于其他的虎亚种，它们的毛色更浅、更柔和，毛也更长、更厚。爪子和脖颈处还有长长的毛来帮助它们抵御严寒。

东北虎是地球上现存体形最大的猫科动物。据估计，目前野生东北虎的数量不足500只。

每只老虎毛皮上的条纹图案都是独一无二的，东北虎也不例外，但是它们身上的条纹比其他亚种更为稀疏。

北方森林

北半球高纬度有大片区域被森林覆盖。广袤的北方森林从西伯利亚横跨欧洲，再向西穿越加拿大，一直延伸到美国阿拉斯加，形成了环绕北半球的一条林带。

这片全世界最大林地里的树多达 7 500 亿棵，约占地球上树木总量的四分之一。北方森林里的树大多是常绿的针叶树，如松树、云杉和冷杉等；不过，在其中一些相对潮湿的区域，也生长着杨树、桤木、桦树或橡树。

雪域精灵：雪鸮

北极地区的夏季稍纵即逝，但白昼很长，光照十分充足。长时间的日照给在这里繁殖的雪鸮提供了有利条件。与大多数鸮形目鸟类不同的是，雪鸮在白天捕猎，并且会充分利用北极地区的极昼来为雏鸟寻找食物。

一对雪鸮通常一次能孵育大约六只雏鸟。雏鸟需要约八周的时间来学会飞行，届时才能离开巢穴，独自生活。在离巢独立之前，雏鸟的体重需要增加到出生时的三倍，为此它们必须大量进食。

雪鸮养育雏鸟就是在与时间赛跑，因为一旦冬日来临，它们就无法找到足够的食物。

雪鸮父母不知疲倦地捕猎，每天给雏鸟带回 30 只旅鼠。经过 600 多次喂食，雏鸟羽翼渐丰，而它们的父母已经累得疲惫不堪。对于雪鸮父母来说，辛苦的还不仅仅是捕猎，因为雏鸟不会一直老老实实待在鸟巢里，所以捕食归来的雪鸮还得出去把雏鸟找回来，才能给它们喂食。

小档案

雪鸮

学名： *Bubo scandiacus*

分布： 北极冻原

受胁等级： 易危

体长： 52 ~ 71 厘米

翼展： 1.2 ~ 1.4 米

体重： 1 ~ 2 千克

野外寿命： 10 年

食物： 以旅鼠为主，也有其他小型啮齿动物，以及鸟类和鱼类。

特征： 头部圆圆的，眼睛为黄色，通常没有其他鸮类常见的耳簇羽毛，身披白色羽毛，上有黑色或棕色斑点。

毛茸茸的灰色雪鸮雏鸟分散在广袤的冻原上，捕食者很难发现它们。

雪地猎手：狼

在加拿大广阔寒冷的森林中，人们曾看到狼为了提高捕猎效率而聚集成群。狼群通力合作，可以捕杀体形是它们十倍的大型猎物。狼群成功的秘诀不仅在于耐寒，更在于它们的力量、耐心和智慧。

狼的身体特征使得它们能够适应恶劣的环境。它们厚厚的毛发分为两层，柔软的里层可以保暖，而粗糙的外层可以隔离冰雪；宽大的狼爪可以分散身体的重量，防止它们陷入松软的雪地；狼的四肢长而健壮，胸部较窄，因而它们的身体天生适合奔跑，速度与耐力俱佳。

狼每小时可以奔跑60千米。

狼可以连续好几天不进食，还能长途跋涉。狼群一天之内至少能行进 16 千米，而在追逐捕猎目标——美洲野牛群时，行进距离则可能翻倍。每头野牛都体形庞大，长着威风凛凛的牛角。狼群一旦发现了野牛群，就会停止前进，坐下来严阵以待，而这一等可能就是几个小时甚至几天。尽管饥肠辘辘，但狼群还是会耐心等待捕猎的最佳时机。

小档案

狼

学名： *Canis lupus*

分布： 亚洲北部、欧洲和北美洲

受胁等级： 无危

肩高： 76 ~ 85 厘米

体长： 1 ~ 2 米

体重： 18 ~ 80 千克

野外寿命： 12 ~ 15 年

食物： 主要为大型食草动物，如驯鹿、麋鹿、驼鹿、麝牛、野牛等，也有体形较小的动物。

特征： 体形较大，腿长，尾巴蓬松，身披厚厚的灰色或棕色毛皮；鼻口部细长，牙齿锋利，耳朵尖且直立。

大多数狼群由六到十头狼组成，但图中这个超级狼群拥有多达25名成员，它们生活在加拿大伍德布法罗国家公园，是一个“狼丁兴旺”、极其庞大的家族。

冰上小剧场：围猎行动！

饿着肚子长时间行进的狼群必须抓紧捕猎，否则就有可能饿死。这个超级狼群已经走了很远的路程，留给它们的时间不多了。

美洲野牛在真正进入狼群的视野之前，其气味就已经被狼群察觉。狼群追上美洲野牛后，就会将它们团团围住，然后停下来观望，按兵不动。

狼群正在寻找年幼、年老及受伤的美洲野牛作为目标，然而这群美洲野牛当中并没有这样容易得手的目标。因此，狼群发动了突然袭击，让美洲野牛们猝不及防，自乱阵脚。

扫码看视频

美洲野牛体形大，速度快。它们奔跑的时速可达 54 千米，虽然没有狼跑得快，但有着更持久的耐力。美洲野牛还会用后蹄猛踢，让狼群难以靠近。

狼群之中，狼王的捕猎经验最为丰富，它带领着整个狼群，想方设法从美洲野牛群中隔离出一小部分美洲野牛，并对它们步步紧逼。

最后，有几头美洲野牛在惊恐与疲惫之中失去了抵抗的勇气，选择了逃跑。狼群的坚持最终得到了回报。没有了群体的庇护，落单的美洲野牛面对狼群的进攻常常不堪一击。

生生不息：旅鼠

旅鼠是啮齿类动物，它们的门齿终生生长，需要通过不断啃咬来磨去过长的部分。

这种毛茸茸的小家伙是旅鼠。夏天的时候，旅鼠在地面上窜来窜去，寻找树叶、嫩芽、小草和浆果。到了冬天，它们就会藏进积雪下错综交织的洞穴中，踪迹难寻。

旅鼠过着群居生活，它们在雪下挖掘洞穴，并使其通过地道连通。旅鼠会在它们的雪下“豪宅”中辟出一个个单独的“房间”，分别当作“卧室”、“储藏室”和“卫生间”；“走廊”上覆盖着苔藓和其他植被，方便旅鼠取食，为它们省去了钻出地面寻找食物的麻烦。

有些旅鼠的毛冬天是白色的，到了夏天会变成微微泛红的灰褐色。

扫码看视频

旅鼠在冬天藏身雪下之际交配繁殖。它们繁殖速度快，雌性旅鼠通常在不到半岁时就具备生育能力了。

生活在冻原的旅鼠一年四季都很活跃。与其他栖息在北极地区的动物不同，旅鼠不冬眠。它们挖的地道可长达 15 米，即使在厚厚的积雪下，旅鼠也会不停地跑来跑去。

极地求生：北极狐

北极冻原是地球上最冷的生境之一。这里气候恶劣，异常寒冷，却生活着一种可爱的动物——北极狐。北极狐的毛皮和体形能够帮助它们适应这样的恶劣环境，哪怕暴风雪持续数日，北极狐也能生存下来。

小档案

北极狐

学名： *Vulpes lagopus*

分布： 北极冻原的内陆地区

受胁等级： 无危

肩高： 25 ~ 30 厘米

体重： 1 ~ 9 千克

野外寿命： 8 年

食物： 旅鼠、鱼、鸟类和其他食肉动物残留的猎物腐肉。

特征： 体色随季节变化，白色的冬毛到了夏季会变成棕色或灰色。身形圆润，四肢短，吻部短而尖，耳朵小，尾巴长，尾毛浓密。

北极冻原植被稀少，几乎没有高大的树木，也没有其他遮蔽物，视野所及之处唯有一片茫茫白雪。一只熟睡的北极狐蜷缩着身体，紧贴地面，把毛茸茸的尾巴裹在身上取暖，就像盖着一条厚厚的围巾。北极狐毛茸茸的脚和小小的耳朵能帮助它们减少运动时的热量损失。北极狐的毛又厚又多，是所有动物中保暖性最好的。

北极狐的白色毛皮不仅保暖，还能在冰天雪地的环境中起到隐蔽作用，使其不易被捕食者发现。

北极冻原上不仅没有避难所，食物也极其稀少。北极狐偶尔能捡食其他捕食者遗留的猎物，但大多数情况下，它们还是得自己寻找食物。北极狐会通过敏锐的嗅觉和听觉来追踪生活在积雪下的旅鼠。一旦发现，它们就会高高跃起，然后一头扎向地面，迅速在雪地里挖出一个洞，来捕食下面的旅鼠。

肥美可口的旅鼠并不懂得，只有销声匿迹，才能隐藏自己。即便藏在雪下1米深的洞穴里，它们吱吱的叫声和窸来窣去的动静也能被北极狐察觉。

牧野千里：驯鹿

驯鹿是一种体形较大的鹿科动物，腿长而有力，适合长途跋涉。驯鹿具有极易辨认的特征：大大的鹿角、厚厚的毛皮、鼻子上覆盖着毛发。

驯鹿每天要吃大量的植物。冬天，它们会在雪地里翻找地衣食用。

驯鹿的蹄子坚硬、边缘锋利，有助于防滑，还可以用来挖取食物。它们的脚掌宽大而外展，在松软潮湿的冻原上也能站稳。

与其他鹿不同，雌性驯鹿也和雄性一样会长出鹿角。成年雄性驯鹿的鹿角更大，分杈也更多。它们的鹿角每年都会“脱陈出新”，为将要到来的夏天做好准备。新长出的鹿角上覆盖着柔软的绒毛，这就是鹿茸。雄性驯鹿在发情期用鹿角来战斗和炫耀，而雌性驯鹿的鹿角则相对细短，能用来刮除积雪，也能保护食物，尤其是在照顾驯鹿幼崽的时候。

生存危机

驯鹿群向北迁徙，为自己和幼崽寻找食物。数千年来，这片冻原一直是驯鹿北迁的目的地，然而气候变化正把这里从牧草繁盛的胜地变成蚊虫肆虐的恐怖之地。夏季气温的回升使冻原上冰雪融化，地面变得泥泞潮湿，为蚊虫滋生提供了适宜的环境。如今，融雪季因气候变暖而提前，所以，驯鹿母子刚到此处，准备安顿下来时，就会赶上成群的蚊虫蜂拥而至。为了躲避蚊虫叮咬，驯鹿群被迫继续迁徙，而驯鹿母子不得不穿越危险的汛期河流，踏入饥饿的棕熊的地盘。

小档案

驯鹿

学名：*Rangifer tarandus*

分布：亚洲北部、欧洲和北美洲的北极和亚北极地区

受胁等级：易危

肩高：0.85 ~ 1.5 米

体长：1.6 ~ 2.1 米

体重：80 ~ 210 千克

野外寿命：22 年

食物：地衣、苔藓、莎草、树叶等。

特征：大型鹿科动物，胸部、臀部及尾巴上的毛呈白色。雄性和雌性都长角，雄鹿的鹿角更大，分杈更多。

每年夏天，成群的驯鹿都会向北迁徙，寻找可供雌性驯鹿哺育新生幼崽的牧场。丰饶的青草能让雌性驯鹿分泌营养丰富的乳汁，这是驯鹿幼崽成长的必需品，能让它们变得足够强壮，可以在寒冷时节来临时返回南方。美国阿拉斯加北部的北极国家野生动物保护区内生活着 20 多万头驯鹿，这些驯鹿从它们冬季的栖息地出发，沿着数千年不变的路线，跋涉大约 650 千米来到这里繁育后代。

难得一见：东北豹

位于俄罗斯东部与中国交界处的北方森林，是世界上最稀有的大型猫科动物——东北豹的栖息地。东北豹与东北虎共享领地，体形只有东北虎的一半大小。东北豹在高原和陡峭的山脊上四处游走，寻找食物。

据估计，这种帅气的动物在野外仅存大约120只。东北豹稀少的数量，加上它们独居的生活方式，以及谨慎、不与人亲近的天性，使得科学家们很难找到它们并进行研究。

东北豹非常敏捷。据称，它们可以跃起3米高，跳出6米远。

一只东北豹一个月内可以捕获三头鹿。在寒冷的冬季，有些动物会因为极端天气而丧命，它们冰冻的尸体会成为东北豹的食物。

除了带着幼崽的母豹，东北豹通常会单独行动，在超过160平方千米的领域内活动。与东北豹共享这片捕猎区域的有鹿、黑熊和一些体形较小的食肉动物，有时还会有东北虎。东北豹在洞穴中栖身，游走捕猎时则会在山地峡谷间选择熟悉的路线行进，以避开积雪最深、难以行走的区域。

小档案

东北豹

学名： *Panthera pardus orientalis*

分布： 俄罗斯东南部与中国交界处的北方森林

受胁等级： 极危

肩高： 70 厘米

体长： 1 ~ 1.4 米

体重： 25 ~ 48 千克

野外寿命： 10 ~ 20 年

食物： 鹿、麝、狍、野猪。

特征： 体形较大，有一条毛茸茸的长尾巴。与其他亚种的豹相比毛色较淡，杏黄底色的毛皮上散布着宽边花斑。

极光在春分和秋分前后最为常见，此时地球的位置与太阳的角度适中，能最大程度“抓”住太阳带电粒子。

极光

北极上空有时会出现一种被称为“极光”的壮丽奇观。这些五彩斑斓、如梦似幻的缥缈光影最常见于俄罗斯、加拿大、美国阿拉斯加、冰岛和斯堪的纳维亚半岛的一些地区，但在其他一些地方也可以看到。

极光的形成是由于来自太空的太阳带电粒子与地球的大气层发生了撞击。这些带电粒子与大气层中不同位置或不同种类的气体发生反应，从而产生不同颜色的光影。如果太阳带电粒子撞击低层大气中的氧气，我们就会看到绿色的光；如果带电粒子撞击高层大气中的氧气，我们就会看到红色的光；而当带电粒子与氮气发生撞击时，会产生蓝色或紫色的光。

生存危机

地球的大气层是一个气体圈层，它像羽绒被一样环绕、包裹着地球。大气层给我们提供了生存所必需的氧气，使地球维持着适合生命生存的温度，并保护我们免受太阳热量和辐射过度带来的影响。大气成分主要包括体积约占 78% 的氮气、约占 21% 的氧气、约占 0.93% 的氩气和约占 0.038% 的二氧化碳，剩余部分则由水汽和其他物质组成。大气层中这些气体含量的变化会对地球产生重大影响，而人类活动正在加速这种变化。

冰冻涅槃：拉普兰熊蜂与锦龟

有些体形较大的动物身披厚厚的毛皮，能够在北极黑暗的寒冬里保持活力。与之相反，一些小生灵则会把自己埋入地下冬眠，准备待到春天来临时复苏。这里要介绍的就是两类拥有这种非凡生存技巧的小动物。

拉普兰熊蜂蜂王身上的绒毛比大多数蜜蜂都要浓密，这有助于保存生存所需的热量。

这只拉普兰熊蜂独自藏在地下的一个洞穴里，已经快九个月了。它是蜂王，也是蜂群中体形最大的，因此能成为蜂群中唯一一个能够熬过冬眠的幸存者。在六月中旬，气温开始上升的时候，拉普兰熊蜂蜂王才会从洞穴里爬出来。它需要先热热身，于是便开始抖动自己的肌肉。这个过程会持续大约六分钟，直至它的体温上升到足以起飞。然而，真正艰苦的工作才刚刚拉开序幕：拉普兰熊蜂蜂王先要寻找筑巢的地点，继而修筑蜡质蜂巢以便产卵，同时还要从北极初开的花朵中采集花粉和花蜜。

只有大约一半的拉普兰熊蜂蜂王能在拉普兰德地区严寒的冬季幸存。

扫码看视频

这是一种栖息地最靠北的龟。它们的身体构成中有一半以上是水。当它们在地下冬眠时，身体里几乎所有的水分都会冻结成冰。

扫码看视频

生活在加拿大北方森林中的锦龟以一种极不寻常的方式度过寒冷的冬天。锦龟蛋在秋天孵化，随后，锦龟宝宝会在地下洞穴里度过整个冬天。它们的大脑尚存微弱的活动，心脏完全停止跳动，身体则真正意义上处于半冻僵的状态。等到春季来临，它们才逐渐解冻，恢复生机，从地下洞穴里爬出来，尽情享受春天里的一切。

北京市版权局著作权合同登记　图字：01-2024-5524

图书在版编目（CIP）数据

冰冻星球. Ⅱ. 冰冻大地 /（英）丽莎·里根文；管靖译. -- 北京：科学普及出版社，2025. 1. -- ISBN 978-7-110-10873-4

I. P941.6-49；Q95-49

中国国家版本馆 CIP 数据核字第 2024GT5417 号

Front cover, 4 Sergey Gorshkov;
All interior photos courtesy of the BBC:
8, 9, 29t, 30 Sergey Gorshkov;
12 Jason Roberts;
14, 15 Max Lowe;
21 BBC Studios / Olly Jelley;
26, 2, 24, 25b BBC Studios / Florian Schulz © Campion Advocacy Fund;
32 Night Lights Films. (Photographer: Adrien Mauduit)
7, 16, 17, 18, 19, 20, 23t, 23, 29b, 34, 35, 36 Copyright BBC STUDIOS;

with the exception of the following images which are courtesy of Shutterstock.com:
2 Mark Lindberg; 6 magnetix; 10 Vaclav Sebek; 22b Sophia Granchinho; 24t Ondrej Prosicky; 25t Martin Capek; 28 Carol Gray

BBC earth

冰冻星球 II

FROZEN PLANET II

冰冻南极

[英] 丽莎 · 里根 文　管靖 译

科学普及出版社
· 北　京 ·

目 录

4 冰冻南极

6 冰的种类

8 抱团取暖：王企鹅

12 冰上小剧场：“豹”口觅食

14 笑面刺客：豹形海豹

16 火山

18 巨无霸：蓝鲸

21 风棱石

22 浪迹天涯：信天翁

26 憨态可掬：帽带企鹅

30 叠层石

32 冰层之下：韦德尔海豹

冰冻南极

南极洲位于地球的最南端，它是世界上最寒冷、风力最强、平均海拔最高且最为孤立的大陆。南极洲气温变化巨大，海岸附近的气温冬季会降至零下 40 摄氏度以下，夏季则会升到 0 摄氏度以上，而内陆的气温比海岸要低得多。这里几乎全部被冰雪覆盖，环境恶劣。

南极洲还是世界上最干燥的大陆，年降水量不足100毫米，有“白色沙漠”之称。

何处寻踪

本册书中的所有动物都算得上是“南极居民”，但它们几乎没有在南极大陆中部生存的。它们或是聚居在南极洲的海岸，在四周的海洋中觅食；或是成群地栖息在附近的岛屿上。南极洲的自然环境极端恶劣，生存异常艰难，但却是企鹅、海豹、鲸等动物的家园。

冰的种类

地球有约五分之一的面积被冰雪覆盖。冰的存在形式多种多样，陆地上有冰川、冰盖和冰帽，海洋中有冰山和海冰。南极洲是一片几乎被冰雪覆盖的大陆，四周环绕着冰冻的海洋。

海冰是冻结的海水，因此它含有盐分。海冰从南极洲的海岸线向外绵延几百千米，其覆盖面积是欧洲的两倍。它会随着季节的变化而消长。到了春季，海冰开始融化缩小，使得南极洲的部分海岸直接与开阔海域相连。

海冰可以是附着在陆地边缘的固定冰，也可以是自由漂浮在海面上的浮冰。

南极内陆几乎是冰封的。这里的风速可以达到每小时322千米。

南极内陆被冰帽覆盖。冰帽是穹顶形的冰层，其中的冰以极慢的速度向四周呈放射状流动。南极冰帽的冰层最厚处可达4 800米，蕴藏着地球上近三分之二的淡水。当冰帽的覆盖面积足够大，超过了5万平方千米，我们就称之为冰盖。

生存危机

冰对于维持地球的宜居状态起着至关重要的作用。海冰可以将大部分阳光反射回太空，因此，被海冰覆盖的地区不会吸收太多的太阳能，这有助于保持地球的气候稳定。冰盖和冰帽储存着大量的淡水，当它们在春夏季节逐渐融化时，淡水就会汇入当地的河流湖泊。海冰、冰盖和冰帽都正受到全球变暖的影响，自然界的平衡也因此遭到破坏。冰的快速融化会引起天气、洋流以及海平面的变化，还会给依赖稳定的冰量来获取食物、饮用水并抚育下一代的动物（包括人类）带来麻烦。

王企鹅是体形第二大的企鹅，仅次于生活在南极大陆上的帝企鹅。

抱团取暖：王企鹅

与南极大陆相比，南乔治亚岛和南桑威奇群岛这样的南极边缘岛屿更加适合动物生存。虽然还是躲不开狂风暴雪和严寒的侵袭，但这些岛屿也会有天气晴朗甚至阳光明媚的日子。南乔治亚岛是数十万只王企鹅生存和繁衍的地方。

为了哺育雏鸟，有些王企鹅亲鸟不得不跋涉1 000多米到海里去觅食。它们排成一条长队，沿着熟悉的路线摇摇摆摆地蹒跚前行，有时还会用腹部“溜冰”来加快行进速度。有一条路线会经过一个陡峭的山口，在那里，王企鹅亲鸟会把喙当作冰镐，来帮助自己爬坡。

十个月大的王企鹅雏鸟和学步期的人类幼儿身高差不多。

亲鸟捕食归来，会将鱼和枪乌贼反刍出来喂给雏鸟吃。亲鸟不在的时候，雏鸟们会挤在一起，抱团取暖，仿佛一个企鹅“托儿所”。王企鹅雏鸟看上去与黑白分明的成年王企鹅完全不同，它们浑身覆盖着棕色的羽毛。这些羽毛蓬松保暖，但是不防水，因此雏鸟无法下水。

成年后的王企鹅是游泳健将。它们挥动翅膀，在水中飞一般地疾行，并且能够轻松地扭动翻转。王企鹅还是潜水高手，它们可以捕捉生活在海面下中层带的鱼类。

王企鹅的雏鸟长得几乎一模一样，科学家认为，亲鸟是通过雏鸟发出的声音来辨认自家宝宝的。

小档案

王企鹅

学名： *Aptenodytes patagonicus*

分布： 主要分布于南极洲及附近岛屿，包括南乔治亚岛和南桑威奇群岛等

受胁等级： 无危

身高： 60 ~ 80 厘米

体重： 10 ~ 18 千克

野外寿命： 15 ~ 20 年

食物： 鱼类、软体动物和甲壳类动物，尤爱小鱼和枪乌贼。

特征： 成年王企鹅胸腹部呈白色，背部和翅膀长有光滑的黑色羽毛。头部呈黑色，颈侧有橙色的泪滴状斑纹。喙的下沿以及胸部上缘为橙色。雏鸟浑身长满毛茸茸的棕色羽毛。

冰上小剧场：“豹”口觅食

王企鹅一旦下水，就可能和南极地区的顶级捕食者之一——豹形海豹撞个正着。豹形海豹是敏捷的游泳健将，它们像猎人一样沿着海岸线巡游，等待着王企鹅跃入浅滩。

成年王企鹅需要下水寻找食物，但无论在哪里下水，都不能保证安全。

成千上万的王企鹅挤在海岸线旁，踟蹰不前。但总会有勇士敢于第一个下水。

扫码看视频

在勇士的带动下，大家都下水了！水中顿时挤满了王企鹅，它们浩浩荡荡地奔赴大海，去寻找美味的小鱼和枪乌贼。

这些去觅食的王企鹅并不是每一只都能活着回来。凶猛的豹形海豹张开大嘴，露出尖牙……

虽然有些王企鹅不幸成了豹形海豹的盘中餐，但它们中的大多数还是会幸存下来。为了喂养嗷嗷待哺的雏鸟，王企鹅隔一个星期左右就又得回到大海，再度踏上充满危险的觅食之旅。

笑面刺客：豹形海豹

豹形海豹以“豹”命名，它们也的确和豹子一样，是天生的猎手。对于王企鹅和其他一些小型动物而言，机智而敏捷的豹形海豹无疑是噩梦般的存在。

成年的豹形海豹体长可超过3米，是王企鹅身高的3倍多。尽管王企鹅拥有高超的泳技，在水中迅疾如飞，但还是快不过豹形海豹。豹形海豹的游速可达每小时40千米，而王企鹅的游速仅为每小时10千米。王企鹅唯有依靠自己灵活的水下翻转能力，以及共同觅食的大部队的庇护，才有可能免于落入豹形海豹之口。

成年豹形海豹体重可达500千克，体长可达3.8米。

小档案

豹形海豹

学名：*Hydrurga leptonyx*

分布：南极洲以及南乔治亚岛、南桑威奇岛群岛等南极边缘岛屿

受胁等级：无危

体长：2.4 ~ 3.8 米

体重：200 ~ 500 千克

野外寿命：26 年

食物：鱼类、磷虾、企鹅等鸟类，以及体形较小的海豹。

特征：身体修长，肌肉发达；背部呈深灰色而腹部呈银色；毛皮上有斑点；下颌有力，长有长长的犬齿。

豹形海豹的头与灰熊的头一样大。它们的嘴角上翘，好似一直在微笑，然而在这笑容之下却隐藏着令人恐惧的锋利长牙。

陆地上的王企鹅同样受益于群体的庇护，不过哪怕它们不下水，也还是有被豹形海豹猎杀的风险。有时，豹形海豹会成群结队地聚集在海岸上，数量约30头，它们猛扑向王企鹅群，试图抓住王企鹅并拖入水中。一头豹形海豹一天能捕食10只王企鹅。

火山

我们对地球的了解并没有想象中那么多，这个星球仍然有很多惊喜等待我们去发现。科学家直到最近才发现了隐藏在南极西部冰盖之下的 20 多座火山。这些火山有的处于休眠状态，有的还在喷发，冒着烟的火山口高约 20 米。

如今南极洲被认为是地球上火山最多的地区之一。埃里伯斯火山位于南极大陆北部的罗斯岛，是世界上最靠南的活火山。它有一处由熔岩形成的熔岩湖，这种熔岩湖在世界上很少见。半个世纪以来，半流体的岩石一直在湖中翻腾冒泡，呈漩涡状流动，并喷出被称为“熔岩炸弹”的球状熔岩。

埃里伯斯火山是南极洲第二高的火山。它一直处于活跃状态，山顶上方可见一团团蒸汽及其他气体飘散。

扫码看视频

冰川危机

南极洲拥有世界上最大、最重要和变化最快的冰川。松岛冰川和思韦茨冰川正在迅速融化，它们融化的速度令人担忧。思韦茨冰川的面积略小于英国，冻结的水量足以使全球海平面上升半米多。是附近的火山活动导致了冰川的迅速融化吗？科学家认为这不是主要的诱因，主要的诱因是冰川下面的水正在不断升温，从底部融化瓦解了冰川。

巨无霸：蓝鲸

寒冷的南极海域中栖息着世界上最大的动物——蓝鲸，以及为其提供食物的数以吨计的微小生物。蓝鲸是有史以来最大的动物，它们的尾鳍有7米宽，仅舌头就重达3吨以上。

蓝鲸的嘴里长有鲸须板，可以像梳子一样过滤食物。蓝鲸几乎只吃磷虾——一种身体透明、形似小虾的生物，体形比人的手指略小。蓝鲸瞄准成群的磷虾，张开大嘴向它们扑过去。蓝鲸的喉咙有些褶皱，这些褶皱可以扩张，因此它们可以吞下大量的水和磷虾。蓝鲸用喉咙和舌头将水通过鲸须板滤出体外，把留下来的磷虾吞进肚子。

小档案

蓝鲸

学名： *Balaenoptera musculus*

分布： 全球海域；有些蓝鲸夏季在南极洲附近海域生活

受胁等级： 濒危

体长： 20 ~ 30 米

体重： 160 ~ 200 吨

特征： 身形修长，呈斑驳的蓝灰色，有两片侧鳍，一片背鳍，尾鳍细长。

蓝鲸的心脏有一辆小汽车那么大，通过动脉泵输送的血液可达 10 吨，其动脉的宽度足以容纳人类婴儿爬行。蓝鲸每天能吃掉 16 吨磷虾，它们在夏季必须吃得饱饱的，只有这样才能熬过食物匮乏的冬季。蓝鲸的巡游速度约为每小时 6 千米，但冲刺时最高速度可达每小时 32 千米。

扫码看视频

一头成年蓝鲸比一辆卡车还长，和一座房子一样重。

风棱石

南极内陆有一小部分山谷被沙子而非冰雪覆盖。这些山谷周围是高大的山脉，来自南极冰盖的冰被高山阻挡而无法流入，因此这些山谷得以保持无冰状态。疾风刮过这里，将岩石雕蚀塑造成非凡的自然遗迹——风棱石。风棱石可高达 4 米，在风的作用下，表面显得锃光瓦亮。

扫码看视频

浪迹天涯：信天翁

信天翁是一种飞行能力极强的大型海鸟，它们展翅翱翔，环游世界，仅在交配繁殖时才会在陆地上安家。特岛信天翁是信天翁的亚种之一，它们聚集在南大西洋特里斯坦－达库尼亚群岛。

科学家给信天翁安装了追踪器，以跟踪记录它们史诗般的旅程。其中有些信天翁为了寻找食物，完成了环绕地球飞行的壮举。信天翁张开巨大的翅膀，在海洋上空借助风力飞行，尽可能地减少自己的能量消耗，从而能够在空中连续飞行数日。信天翁一次可飞行1.6万千米。

信天翁可以在不到50天的时间内环绕整个南极洲飞行一圈。

信天翁一生只有一个伴侣。它们通过表演精心准备的求偶舞蹈来吸引伴侣，一旦求偶成功，它们可能在接下来的几十年里都不更换伴侣。雄鸟展开巨大的翅膀来炫耀自己，翼展越大，对雌鸟的吸引力就越大。

安岛信天翁如今雄鸟与雌鸟的数量比例约为3:1，因此有很多雄鸟找不到交配对象。由于雌雄比例的极度失衡，安岛信天翁出现了一些新的习性：雄鸟为了避免孤独也会结伴同行。

生存危机

商业捕鱼对于包括信天翁在内的海鸟造成了威胁。渔船放出的渔线长达 100 多千米，每条渔线上都有成千上万的鱼钩。海鸟看到鱼钩上的诱饵，飞过去啄食时就会被勾缠而溺亡。漂泊信天翁的数量每年减少约 10%。雌性信天翁的觅食地比雄性信天翁更加靠北，而那里有更多的渔船，因此雌性信天翁的数量下降得更快。其实只要在鸟类较少觅食的夜间捕鱼，或者在渔线上添加飘带来防止鸟类靠近，就可以解决这个问题。

扫码看视频

安岛信天翁

小档案

学名：*Diomedea antipodensis*

分布：南极洲、澳大利亚、智利；在安蒂波迪斯群岛等新西兰的岛屿繁殖

受胁等级：濒危

体长：110 厘米

翼展：3 米

体重：平均 8 千克

食物：鱼类和枪乌贼。

特征：体形庞大，翼展极宽。喙大，呈淡粉色。体色变化不一：有些呈白色，翅膀上有部分黑色；有些呈巧克力棕色，面部是白色的，翅膀内侧为白色，外侧为黑色。

信天翁求偶时用舞蹈来吸引彼此的注意。它们先将长长的喙指向天空，然后上下摆头，接着张开巨大的翅膀，向潜在的伴侣炫耀。

憨态可掬：帽带企鹅

帽带企鹅因下颌长有一条帽带似的带状斑纹而得名。帽带企鹅在水中过冬，寻觅它们最喜欢的食物——磷虾。春天到了，它们会上岸寻找合适的地方筑巢并养育雏鸟。

一对结为伴侣的成年帽带企鹅通常会同时养育两只雏鸟。

每对帽带企鹅“夫妇”都会在岩石地上寻找或者自己清理出一处坑洞，并尽力搜罗石块来垒砌巢丘。堆积起来的石块不仅可以防止企鹅蛋滚动到别处，还可以提供一个平台，让刚刚孵化的雏鸟能够在下雨时待在干燥的地方。

筑巢是件麻烦事。帽带企鹅会跑到自己的巢穴之外，不管不顾地随地大便。这样一来，每个企鹅巢穴外面都有一圈粪便向外喷射的痕迹。只要不被粪便相互射中，它们会尽可能地在离同伴巢穴不远处筑巢。但即便如此，拥挤的海岸上可供筑巢的空间依然不足，因为有成千上万的帽带企鹅会来到这里筑巢，孵育下一代。

筑巢地的小石块数量稀少，因此帽带企鹅会从“邻居”那里偷石块来堆砌自家的巢穴。

生存危机

下雨时，帽带企鹅宝宝的绒毛很难一直保持干燥蓬松。一旦绒毛被打湿，它们就面临着因热量流失过多而死亡的危险。由于气候变化，如今筑巢地降雨的次数是以往的两倍，帽带企鹅的数量正在减少。人类对磷虾的过度捕捞，以及磷虾分布的变化和其他海洋生物摄食习性的改变，也对帽带企鹅的数量造成了破坏性的影响。

帽带企鹅每年会和相同的伴侣返回相同的筑巢地点。

小档案

帽带企鹅

学名： *Pygoscelis antarcticus*

分布： 南极洲、南太平洋和南大西洋

受胁等级： 无危

身高： 60 ~ 74 厘米

体重： 3 ~ 6 千克

野外寿命： 15 ~ 20 年

食物： 磷虾和小鱼。

特征： 翅膀外侧呈黑色，边缘和内侧呈白色；背黑腹白；腿短蹼足；头黑脸白，下颌处长有黑色条纹。

叠层石

图中这些凸起的结构被称为叠层石。这些叠层石是 2008 年在南极内陆被发现的，它们深藏于温特塞湖的湖面之下，经过长达数千年的时间而形成。

打造这些叠层石的细菌是地球上最早的制造氧气的生命体。

温特塞湖位于南极洲东部毛德皇后地的群山之中，长约6.5千米，深度可达170米。20世纪30年代，人类第一次发现该湖。

这些叠层石看起来就像是摆放在湖床上的一个个交通锥筒。它们大小不一，最高的有0.5～0.7米。叠层石是由细菌形成的，细菌是温特塞湖中唯一的生命形态。叠层石的生长速度慢得令人难以置信。

叠层石可能对我们研究生命如何进化以及其他星球是否存在生命起到关键的作用。这些细菌通过光合作用吸收、利用太阳能，并向大气释放氧气。氧气是包括所有动物在内的更高级的生命形态进化的关键。

为了探索温特塞湖，科学家首先得在湖面3米厚的冰层上凿出一个潜水孔。湖面的冰层将湖水与冰层之上严寒的环境隔绝开来，这有助于保持下方湖水不被冻结。冰层足够透明，夏天的阳光可以射入湖水中，就像阳光穿透温室的玻璃。

韦德尔海豹幼崽在自力更生之前，会和母亲一起生活6~7周。

冰层之下：韦德尔海豹

韦德尔海豹是真正的“南方居民”。在所有哺乳动物中，它们的繁殖地最靠南，靠近南极洲海岸线。在那里，韦德尔海豹可以游到冰障下面，以远离虎鲸等捕食者。

冰面上的温度可低至零下20摄氏度。韦德尔海豹幼崽身上有一层厚厚的皮毛，可以帮助它们抵御严寒。

成年韦德尔海豹在冰层之下捕猎，可以憋气长达90分钟。它们会用锋利的牙齿在冰面上凿出呼吸孔，以便浮出水面换气。

九月至十一月，厚厚的冰层是韦德尔海豹妈妈和新生幼崽的家园。海豹妈妈会爬上冰面产崽。韦德尔海豹幼崽出生一个星期之后才会下水。届时，它们面临的主要挑战是应对寒冷和学习游泳，以及如何在光线昏暗、千变万化的陌生冰洞之间找到出路。这些小家伙憋气的时长远不及它们的父母，因此它们必须掌握迅速找到呼吸孔的技能。

小档案

韦德尔海豹

学名： *Leptonychotes weddellii*

分布： 南极海域

受胁等级： 无危

体长： 2.5 ~ 3.3 米

体重： 400 ~ 500 千克

野外寿命： 25 ~ 32 年

食物： 鱼类、枪乌贼、章鱼、明虾等。

特征： 身体大，头部相对较小，眼睛大，触须长。灰黑色的身体上长有斑纹，雌性体形比雄性大。

扫码看视频

生存危机

虎鲸处于食物链的顶端，是顶级捕食者。在冰冷的南极水域中，虎鲸的主要猎物是韦德尔海豹。虎鲸群不断提升捕猎技巧，想方设法对浮冰上的韦德尔海豹发起冲击，使其落入水中，成为自己的盘中餐。然而，全球变暖导致海冰不断减少，虎鲸可以捕食的韦德尔海豹也随之变得越来越少。因此，虎鲸必须寻找新的猎物，其中就包括图中这种食蟹海豹。食蟹海豹是世界上数量最多的海豹，相比于韦德尔海豹，它们的游泳速度更快，体格更强壮，也更难对付，虎鲸捕猎的难度会更大。

北京市版权局著作权合同登记　图字：01-2024-5524

图书在版编目（CIP）数据

冰冻星球．Ⅱ．冰冻南极 /（英）丽莎·里根文；管靖译．-- 北京：科学普及出版社，2025. 1. -- ISBN 978-7-110-10873-4

Ⅰ. P941.6-49；Q95-49

中国国家版本馆 CIP 数据核字第 20246T3S35 号

BBC earth

冰冻星球 II

FROZEN PLANET II

冰冻海洋

[英] 丽莎·里根 文　管靖 译

科学普及出版社
·北　京·

目 录

4 冰冻海洋
6 极昼与极夜
8 “象”满为患：海象
12 斯瓦尔巴群岛的冰川
14 崖上绅士：海鸦与海鸽
16 海中“独角兽”：独角鲸
19 冰上嬉戏：北极熊
20 冰上小剧场：化敌为友
22 浮冰摇篮：竖琴海豹
26 海崖秀客：凤头海雀
30 护子之战：麦杆虫
32 白色“鲸”灵：白鲸

冰冻海洋

南极和北极远在地球的南北两端。虽然两极地区同样天寒地冻、冰封雪盖，但南极地区是被海洋包围的冰冻大陆，北极地区则是被陆地环绕的冰封海洋。

北极地区的冬天是黑暗的季节，数月不见阳光，北冰洋的海面冻结成冰。海冰的面积在三月扩张到最大，比整个美国还要大。当太阳再次升起时，海冰便开始融化，到了九月，海冰的面积几乎缩减了一半。

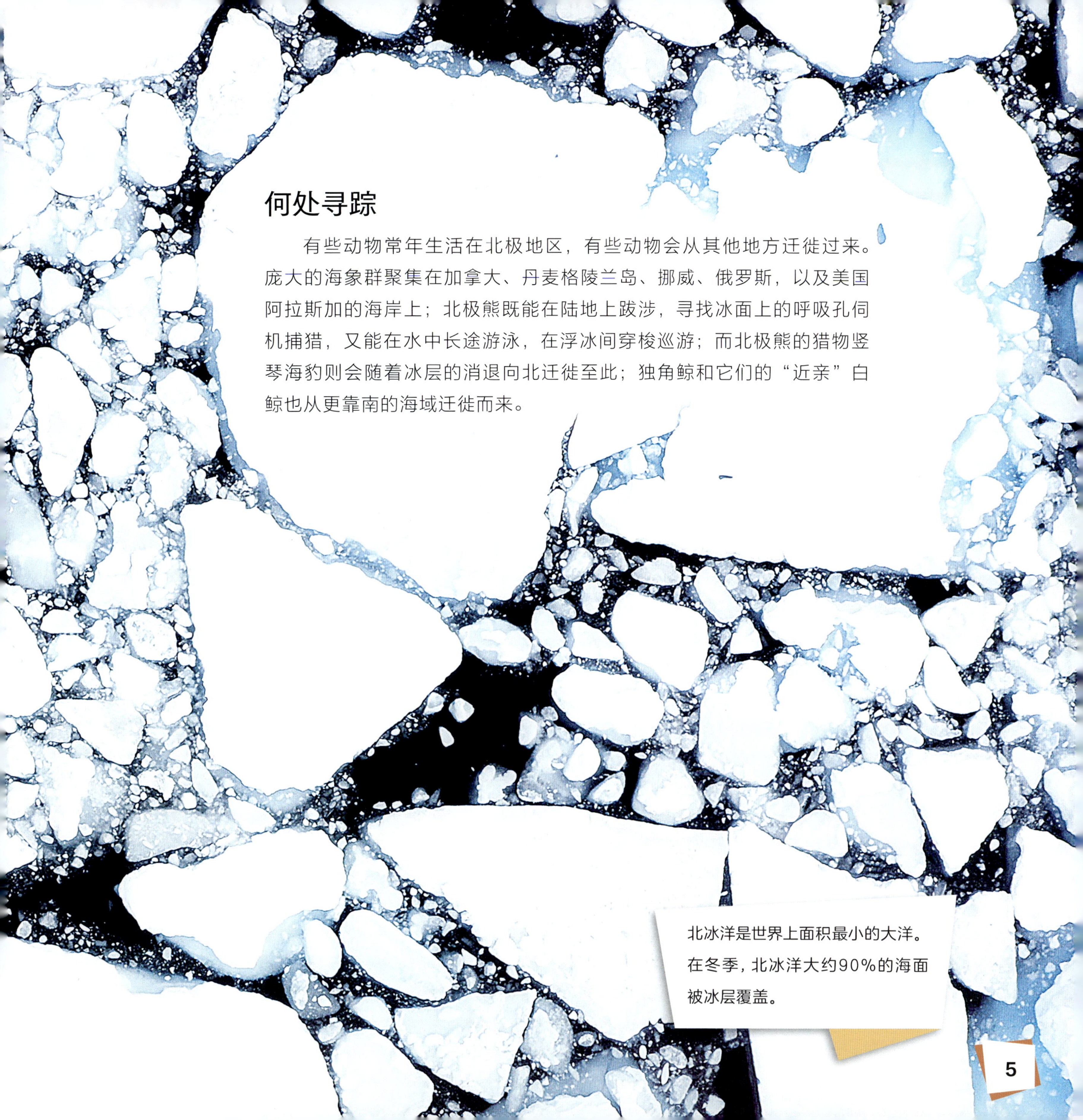

何处寻踪

有些动物常年生活在北极地区，有些动物会从其他地方迁徙过来。庞大的海象群聚集在加拿大、丹麦格陵兰岛、挪威、俄罗斯，以及美国阿拉斯加的海岸上；北极熊既能在陆地上跋涉，寻找冰面上的呼吸孔伺机捕猎，又能在水中长途游泳，在浮冰间穿梭巡游；而北极熊的猎物竖琴海豹则会随着冰层的消退向北迁徙至此；独角鲸和它们的“近亲”白鲸也从更靠南的海域迁徙而来。

北冰洋是世界上面积最小的大洋。在冬季，北冰洋大约90%的海面被冰层覆盖。

极昼与极夜

北极圈内的生活充满极端状况。这里夏季的气温约为 0 摄氏度，冬季则低至零下 40 摄氏度。除此之外，伴随着季节的更替，还会出现持续数月之久的极昼与极夜。

北极地区被称为“午夜太阳之地”——在夏季，即使到了夜晚，也能看见太阳。从春分日开始，太阳越升越高，在夏至日达到最高点后开始回落，直到秋分日才会再次消失在地平线下。冬季则恰恰相反，极夜来临，太阳会一直处于地平线之下。

冬去春来，数月的黑暗过后，太阳终于再次跃出地平线。

到六月初，北极地区的大部分积雪已经融化。日照的时间越来越长，直到极昼来临。

产生极昼与极夜的原因在于地球的倾斜。地球的自转是绕着地轴进行的，地轴是一条连接地球北极与南极的假想轴，相对于地球绕太阳公转的平面是倾斜的。这意味着一年当中有一部分时间，地球的北半球面对太阳呈“前倾”状；而另一部分时间，面对太阳呈“后仰”状。也正因如此，才有了四季的更替，才有了气温的变化，以及随之发生的北极地区冰层的形成与融化。

生存危机

北冰洋每年都会结冰、融化，千万年来一直如此。然而在过去的 40 年间，这里夏季的冰量减少了一半。一些科学家预测，到 2035 年，北极地区的夏季浮冰将荡然无存。可想而知，浮冰的减少会对生活在这里的动物产生严重影响。如今，在冰面上捕猎的北极熊必须比以往游得更远，有时甚至一连游上十天，才能找到冰面，开始捕猎。

“象”满为患：海象

海象有两个亚种，都生活在北极海域。它们会下潜到海底觅食，然后浮出水面，爬上海冰或海滩休憩。有时，成千上万只海象聚集在一起，场面十分壮观。

海象的两个亚种分别是大西洋海象和太平洋海象，它们生活在北极地区的不同海域。两个亚种的体形和外观相似，而且均以蛤蜊和贻贝为食。

寻找食物时，海象会用其敏感的触须在海底的沉积物中四处探索。一旦有所发现，它们就会用嘴唇紧紧抿住食物，形成一个密封环境，再用舌头制造真空状态，将可食的肉从壳中吸出来。

海象可以在水下待半个小时甚至更长时间，直到捕食50多只贝类后才浮出水面。

海象长长的獠牙既可以用来炫耀，又可以用来战斗。海象还会借助獠牙把自己拖拽上岸，以及凿穿冰层，制造可供呼吸的孔洞。

对于海象这种体形庞大的动物来说，在陆地上移动并不是一件容易的事，尤其是在它们身处拥挤的群体之中的时候。酣睡的海象聚集成堆，体形庞大的雄性海象在其中奋力前行，每挪动几步就得停下来休息一下。一旦安顿下来，海象的身体往往就会变色，从在水下呈现的暗棕色变成较为鲜亮的粉红色。这是因为海象在岸上时，体内温暖的血液会充盈到体表，以此来给身体降温。最终，海象还是得返回大海。它们通常会沿着斜坡翻滚，然后“扑通”一下落入水中。

生存危机

全球变暖正导致海冰减少，这样一来，可供海象出水休憩的地方也就变少了。更多的海象挤上海滩，而大量聚集的海象把饥饿的北极熊吸引了过来。大敌当前引发的恐慌，使 2 000 具巨大的身体挤作一团。为了逃生，海象互相攀越、踩踏，同室操戈，伤亡在所难免。

小档案

海象

学名：*Odobenus rosmarus*

分布：俄罗斯、丹麦格陵兰岛、挪威和美国阿拉斯加附近的北极水域

受胁等级：易危

体长：可达 3 米

体重：可达 1 700 千克

野外寿命：可达 40 年

食物：蛤蜊等贝类、蠕虫，以及其他生物。

特征：体形庞大，雌性体形小于雄性。皮肤呈棕色，厚实，几乎没有毛发。棕色的皮肤在冰冷的海水中经过长时间浸泡会变白，离开水后则会变粉。头部较小，口鼻部扁平，长有长长的獠牙和状似“八字胡”的触须。大西洋海象的体形往往比太平洋海象略小。

扫码看视频

斯瓦尔巴群岛的冰川

冰川是冰的“河流”，在重力的作用下缓慢地向海岸移动。当降雪逐渐堆积，经过多年时间，下面的雪被挤压成冰，冰川就形成了。冰川大小不一，小冰川的面积可能相当于一个足球场，而大冰川的面积可能堪比一个小国家。右图中的冰川位于挪威斯瓦尔巴群岛的海岸线上。

生存危机

作为地球水循环的一部分，冰川会自然消长。降雪和融水的重新冻结会使冰川面积扩大，雪的融化和水的蒸发会使冰川面积缩小，这个消长过程在自然界中循环往复。然而，近几十年来，冰雪的消融量超过了积累量，很多冰川正在缩小。科学家们对斯瓦尔巴群岛上的冰川进行了研究，发现它们的边缘每年都要后退 300 米以上。

全世界有近20万条冰川，约占陆地总面积的10%。冰川通常分布在山脉中，包括南美洲的安第斯山脉、欧洲的阿尔卑斯山脉、亚洲的喜马拉雅山脉和喀喇昆仑山脉等；还有一些冰川分布在新西兰、冰岛、南极洲，甚至非洲大陆。

崖上绅士：海鸦与海鸽

斯瓦尔巴群岛巨大的悬崖为包括海鸦与海鸽在内的数百万只海鸟提供了筑巢场所。这些黑白相间的海鸦与海鸽一年中大部分时间都在海上度过，它们是游泳和潜水的好手。

斯瓦尔巴群岛上栖息着崖海鸦、白翅斑海鸽和厚嘴崖海鸦。它们外形相似，但白翅斑海鸽的胸部是黑色的，脚是鲜红色的，而厚嘴崖海鸦体形略小、喙部稍粗、稍短。它们都以鱼类和甲壳类动物为食。

在繁殖季节，成群的海鸦和海鸽在狭窄的悬崖上争抢地盘。雌鸟在五月底产下一枚蛋，并和雄鸟轮流孵蛋，直到雏鸟破壳而出。雏鸟必须从悬崖上跳下，落到下方的地面上，然后走到水边。

成年雄鸟在完成雏鸟的养育工作后，会在水上度过一个多月的时间。在此期间，它们会换羽，换羽期间无法飞行。

小档案

厚嘴崖海鸦

学名： *Uria lomvia*

分布： 北极圈附近的海岸和岛屿

受胁等级： 无危

体长： 约 41 厘米

翼展： 约 71 厘米

体重： 700 ~ 1200 克

特征： 身体的大部分呈黑色，胸腹部为白色；喙长而尖，有一条白线；面部的下半部分在冬季会变白；足上有蹼，腿较短。

海中“独角兽”：独角鲸

扫码看视频

图中这种奇特的生物是独角鲸。它们拥有长长的螺旋状长牙，因此被人们昵称为“海中独角兽”。独角鲸是鲸类的一种，长有一个呼吸孔，在浮出水面时用来呼吸。

独角鲸独特的“角”其实是从上唇部贯穿而出的一颗超长牙齿，有的甚至长达 3 米。长有长牙的多是雄性独角鲸，但雌性偶尔也会长出相对较短的长牙。有些雄性独角鲸甚至会长出两颗长牙。

独角鲸的体色会随着年龄的增长而变化。刚出生时的独角鲸呈蓝灰色，之后渐渐变深，成年后呈斑驳的灰色或白色。

与很多鲸一样，独角鲸通过声音相互交流。它们会发出咔嗒声、口哨声和嗡嗡声来“聊天”。科学家们观察到，独角鲸在和它们的近缘物种白鲸结伴而行时也会发出这些声音，他们认为这两种鲸或许可以听懂彼此的“话”。

生存危机

独角鲸依靠声音相互交流。随着人类活动的增多，向北侵入了独角鲸的栖息地，来自船只航行、建筑施工、钻探开采的噪声污染也随之加剧。对独角鲸而言，找准方向、照顾幼鲸、躲避捕食者、寻找食物和同伴都变得越来越困难。此外，与白鲸一样，独角鲸还会受到气候变化和海冰融化的影响。

小档案

独角鲸

学名： *Monodon monoceros*

分布： 加拿大、丹麦格陵兰岛、俄罗斯、挪威斯瓦尔巴群岛附近冰冷的北极水域

受胁等级： 无危

体长： 可达 5 米

体重： 可达 1 600 千克

野外寿命： 可达 80 年

食物： 鱼、枪乌贼、虾。

特征： 身体健壮结实、呈流线型，头部小；无背鳍，鳍肢和尾鳍皆短；从上颚伸出一颗长牙。雌性体形小于雄性。

冰上嬉戏：北极熊

广袤无垠的北极冰原上，两头北极熊结伴游乐，尽情玩耍。它们摔跤、奔跑、游泳，炫耀自己非凡的水下技巧。它们甚至悄悄接近、戏弄对方，还在冰洞里玩起了捉迷藏。在发现了一段厚实的冰面后，它们干脆溜起冰来，看上去十分享受这纯粹的快乐。

冰上小剧场：化敌为友

北极熊通常过着独居生活。北极熊妈妈将幼崽抚养长大并教会它们生存技能后，就与幼崽分道扬镳，让它们自力更生。图中这头年轻的雌性北极熊大约六岁，它通常只有在准备交配时才去寻找其他北极熊。

这头雌性北极熊正在茫茫冰雪中捕猎。它耐心地等待着，突然察觉冰面之下有海豹出现。于是它猛地一扑，破开冰层，扎进水中。

猎杀成功！

然而，猎物的气味引来了一头雄性北极熊，这下可能有麻烦了。体形更大的雄性颇具威胁性，随手一击就可能给它带来致命伤害。

雄性北极熊逐渐逼近……却没有表现出一丝攻击性。相反，两头北极熊似乎成了朋友。

一番嬉戏打闹之后，两头北极熊开始结伴同游。它们一起玩耍了三个小时，随后各奔东西。

浮冰摇篮：竖琴海豹

竖琴海豹被认为是北大西洋数量最多的海洋哺乳动物。它们夏天向北迁徙，冬天返回南方，每年往返超过 5 000 千米。竖琴海豹妈妈会爬到冰面上生产，一次产下一只幼崽。

竖琴海豹幼崽通过厚厚的脂肪层、阳光浴，或抖动身体，让自己保持温暖。

竖琴海豹妈妈在三月产下幼崽，并陪伴幼崽度过极其短暂的一段时光。竖琴海豹妈妈用富含脂肪和蛋白质的乳汁喂养新生的幼崽，使其体重迅速增长，每日增重约 2.2 千克。在妈妈身边的这段时间，幼崽必须学会游泳和潜水，为以后独立生活做好准备。12 天后，母子离别，再不相见。

冰面上的温度可达零下20摄氏度以下，水中的温度则约为零下2摄氏度。

在分别之前，竖琴海豹妈妈会密切关注幼崽的游泳训练。幼崽进步很快，短短几天就从最开始的狗刨新手成长为熟练的游泳能手。而这段时间里，竖琴海豹妈妈会待在冰面上，忍饥挨饿，体重每天下降约3千克。

分娩时机对竖琴海豹来说至关重要。竖琴海豹妈妈必须在海冰量刚刚好时分娩，这样才能保证幼崽的安全。如果分娩太晚，那么在幼崽换毛并学会独立生存前，浮冰就会融化、碎裂；但也不能太早分娩，否则大片绵延的厚实冰层会令北极熊等捕食者很容易接近竖琴海豹母子。

小档案

竖琴海豹

学名： *Pagophilus groenlandicus*

分布： 北冰洋，以及大西洋最北部

受胁等级： 无危

体长： 平均 1.8 米

体重： 可达 136 千克

野外寿命： 20 ~ 30 年

食物： 螃蟹等无脊椎动物和小型鱼类。

特征： 幼崽有着白色蓬松的毛皮；成年海豹的毛皮是灰色的，背部有黑色竖琴状斑纹，面部也是黑色的。身体结实，头部小而窄，短短的鳍肢可帮助它们在陆地上移动。

生存危机

如今，北极地区的气温上升速度比以往任何时候都要快，春天也来得更早。因此，往往在竖琴海豹幼崽还没准备好进入开阔海域生活之前，浮冰就碎裂了。同时，与日俱增的风暴也使浮冰更早碎裂。竖琴海豹幼崽被冲入冰冷的海水里，其中很多长得还不够强壮，所以无法存活下来。研究人员报告称，近年来，竖琴海豹幼崽的夭折率约为 40%，有时甚至高达 75%，这在他们 40 年的观测历史中前所未有。

扫码看视频

海崖秀客：凤头海雀

夏季来临，超过 100 万只凤头海雀从南方飞越数千千米，抵达它们的繁殖地——美国圣劳伦斯岛。寒洋流给这里带来了取之不尽的磷虾，可供凤头海雀大快朵颐。

圣劳伦斯岛地处美国阿拉斯加和俄罗斯之间。海岸上的悬崖为超过100万只凤头海雀提供了栖息地。

雄性凤头海雀和雌性凤头海雀都长着引人注目的卷曲羽冠和亮橙色的喙。

凤头海雀深知如何通过炫耀来吸引配偶，但求偶的激烈竞争在所难免。竞争的第一要素是它们头上羽冠的大小，羽冠越大，优势越大。占据高地也很重要，显眼的位置有助于吸引雌性的注意。

接下来，表演开始，雄性凤头海雀唱起了“求偶之歌”。它们还会从颈部后方释放浓郁的柑橘香气。成功的表演会赢得几只雌性凤头海雀的关注，这些雌性转而争相吸引雄性的注意，期盼被选为雄性的伴侣。

生存危机

凤头海雀和它们的蛋很容易受到北极狐、渡鸦、贼鸥和啮齿类动物等捕食者的攻击。同时，气候变化也严重影响了它们的生活。如今，海冰的融化比以往提前了数月，造成了凤头海雀的食物短缺。当地居民密切关注凤头海雀的繁殖状况，据称，近年来，曾出现过一整年内没有一只雏鸟幸存的情况。

小档案

凤头海雀

学名： *Aethia cristatella*

分布： 日本、俄罗斯，以及一些北美洲国家

受胁等级： 无危

体长： 可达 23 厘米

翼展： 达 43 厘米

体重： 约 285 克

野外寿命： 7 ～ 10 年

食物： 磷虾、小型鱼类和枪乌贼。

特征： 小而壮实；羽毛呈深灰色和浅灰色，雄性和雌性都有装饰性的面部羽冠；有独特的白色眼睛和亮橙色的喙；腿和蹼足均为灰色。

扫码看视频

这张近距离特写照片体现不出麦杆虫究竟有多小，实际上它们只能长到大约2厘米长。

护子之战：麦杆虫

麦杆虫也被称为骷髅虾或幽灵虾，它们生活在冰冷的北极海底的海藻林中。雄性麦杆虫沿着高耸的海藻叶片一点一点向上攀爬，以获得靠近顶端的最佳位置，捕食漂过的微小生物。

麦杆虫有着坚硬的外骨骼、分节的身体和成对的附肢。这些附肢形状相异，各司其职，有些用于爬行，有些则用于打斗，或是抓取漂过的食物颗粒。麦杆虫长长的铰链状前肢看上去就像螳螂的前足。

麦杆虫如此之小，可想而知被它们当成食物的生物有多微小。右图中这样的浮游动物就是麦杆虫的主要食物，它们小到用显微镜才能看清。这些浮游动物以春夏两季生长在海冰下方的藻类为食。

雄性麦杆虫试图爬上海藻叶片顶端，却在途中和挡道的雌性麦杆虫狭路相逢。麦杆虫同类之间冲突不断。

雌性麦杆虫通常一次产下数只后代，并照顾它们长大。麦杆虫妈妈将孩子们在海藻叶片上安置妥当，寸步不离。当向上攀爬的雄性麦杆虫试图通过时，麦杆虫妈妈会为了保护自己的孩子而战。

扫码看视频

刚出生时的白鲸是灰色或棕色的。在接下来的几年里，它们的体色会逐渐变浅，直至通体呈现独特的白色。

白色“鲸”灵：白鲸

白鲸因通体白色而得名，它们在相互交流时发出的声音像歌曲一样，因此也被称为“海洋金丝雀”。白鲸头部独特的隆起叫作额隆，白鲸可以通过改变额隆的形状来发出各种声音，甚至做出面部表情。

白鲸在冰封海洋的隆冬时节向南迁徙。到了春季，冰层开始破裂，它们会再度北上。随着海冰的融化，冰封的洋面上破开了一条条狭长的冰间水道，使白鲸可以通行。但如果白鲸身后的水道再次冻结，形成冰窟，它们就会被困在其中。

生存危机

冰间水道可供白鲸觅食，水道近旁的浮冰则帮助白鲸免受虎鲸的捕食。但气候变化正在加剧海冰的融化，使水域变得开阔，从而导致白鲸更易遭到虎鲸的攻击。海冰融化还使人类更加容易到访这里，从而导致捕鱼、采矿、航运，以及天然气和石油勘探等破坏性活动增加。

白鲸的头部可以转动，它们的颈部比很多鲸类更加灵活。

这些白鲸正在挣扎求生。它们被困在冰窟之中，而此处距离最近的开阔水域也有30千米。白鲸需要浮出水面呼吸，不能长时间待在冰层之下，因此它们无法逃离这片比篮球场还小的水面。它们已经在这里度过了一整个冬季，这里已经没有食物了。幸运的是，冰层及时破裂，这些白鲸终于得以脱困，重获自由。

北京市版权局著作权合同登记　图字：01-2024-5524

图书在版编目（CIP）数据

冰冻星球．Ⅱ．冰冻海洋 /（英）丽莎・里根文；管靖译．-- 北京：科学普及出版社，2025. 1. -- ISBN 978-7-110-10873-4

I. P941.6-49；Q95-49

中国国家版本馆 CIP 数据核字第 20240LU117 号

BBC earth

冰冻星球 II

FROZEN PLANET II

冰冻山峰

[英]丽莎·里根 文　管靖 译

科学普及出版社
·北　京·

目录

4 冰冻山峰

6 冰川的形成

8 雪中之猴：日本猕猴

12 雪崩

14 伏击猎手：美洲狮

16 高地求生：智利红鹳

20 冰上小剧场：迎风而起！

22 俏皮精灵：啄羊鹦鹉

27 乞力马扎罗山

28 随机应变：头盔变色龙

32 山地居民：大熊猫

34 翱翔天际：金雕

冰冻山峰

每年中都有一段时间，地球表面五分之一的区域会处于冰冻状态。冰雪遍布各大洲，即便是赤道附近也不例外。之所以连赤道附近都会出现冰冻的景象，是因为海拔越高，气温就越低。

海拔每升高1 000米，气温会下降约6摄氏度。

何处寻踪

地球上的动物种类丰富，它们分布于世界各地，栖息地多种多样。冰雪覆盖的安第斯山脉和阿尔卑斯山脉，是各种鸟类和哺乳动物的家园；中国的山地竹林里，生活着可爱的大熊猫；日本的高山雪地中，日本猕猴靠泡温泉抵御严寒；在新西兰的冰川地区，生存着一种濒临灭绝但非常有趣的鹦鹉；而非洲的山巅之上，有一种变色龙完全适应了高海拔的恶劣环境。

冰川的形成

从阿尔卑斯山脉到安第斯山脉，世界上的几大山脉中存在着最为壮观的雪域景象——冰川。冰川就像一条条“冰河”，沿着山坡缓缓而下，运动速度极慢，一般用肉眼很难察觉。

年复一年的积雪层层堆积，底部的积雪逐渐被压实，形成厚厚的冰层，在重力和压力的作用下，从高处向低处移动，最终形成冰川。冰川通常会沿着山谷的走势而行，运动速度十分缓慢，但偶尔也会爆发式地向前推进，并且常常裹挟起沿途的岩石。

移动的冰川通过侵蚀作用改变地貌。冰川底部的岩石因冰川冰的反复冻结和融化而松动，最后和冰冻结在一起，并从基岩中被拔出来。这些岩石在随冰川行进的过程中，与地面产生摩擦，就像砂纸一样不断地对基岩进行磨蚀。倘若冰融化了，则会留下由大大小小的岩石组成的乱石堆。有些冰川冰是在极端压力下形成的，其中的气泡被挤了出去，这就使得冰川呈现出亮蓝色而不是白色。

冰川覆盖了地球表面大约10%的区域。有些冰川位于高山地区，但大多数还是分布在南北两极地区。

生存危机

冰川是研究气候变化的重要研究对象之一。全球变暖正导致许多冰川消退，有些冰川消退的速度快得惊人。欧洲阿尔卑斯山脉的某些冰川正以每年 100 米的速度后退。自 21 世纪初以来，全球每年有近 2 700 亿吨冰消失。由于气温上升，冰川因为冰的融化而变得越来越小，而且“供给”冰川的雪也在变少。冰川的消退对于依赖其获取淡水的人类和动植物影响极大。此外，随着冰川融化和海平面上升，许多国家也将面临洪灾的威胁。

如果水从冰川间或冰川下流过，就可能会形成冰洞或冰隧道。

雪中之猴：日本猕猴

日本猕猴主要生活在日本的山地森林里。那里海拔高达 1 500 米，气温可下降至零下 20 摄氏度。

在所有灵长类动物中，日本猕猴的栖息地几乎是海拔最高的。

冬天，日本的高山上白雪皑皑。这里几天之内就能有几米的降雪量，经过数月，总降雪量能达到13米。如果人类生活在这种环境下，也许只能从楼顶的窗户出入！为了不被积雪掩埋，日本猕猴通常会待在树上，尤其是夜间，它们挤作一团，相互取暖。

两只雄性日本猕猴挤在一起取暖。

聚集在一起的一群日本猕猴被视为一个族群，其成员包括同族的雌性日本猕猴及它们的雄性交配对象。年幼一些的雄性日本猕猴则不得不离开家族，去寻找属于自己的新族群。想要自立门户，它们必须在寒冷潮湿的环境中四处游荡，在冰冷刺骨的溪流中寻找食物。

如果两个“流浪儿”偶然相遇，它们就可能会结伴取暖，继续前行，直到更多的小伙伴加入进来。这种艰苦的生活是一场真真切切的求生斗争。

有报道称，日本猕猴会做雪球来玩。显然，它们只是为了好玩儿。

扫码看视频

日本猕猴喜水，且擅长游泳。冬天，它们聚集在火山温泉，那里不仅可以取暖，还像个“水疗中心”。日本猕猴在温泉中共同沐浴并相互梳理毛发，以缓解疲劳。

小档案

日本猕猴

学名： *Macaca fuscata*

分布： 日本本州岛、四国岛、九州岛

受胁等级： 无危

肩高： 0.5 米

体重： 8 ~ 11 千克

野外寿命： 30 年

食物： 种类较杂，夏季为水果，也有种子、花朵、叶子和真菌等。

特征： 毛皮厚实，毛色由灰色至棕色不一，成年个体面部及臀部呈粉红色或红色，尾巴粗短。

雪崩

落雪似乎并不是什么大不了的事情，但如果数吨积雪同时从山上向下滑落，形成雪崩，那可就不容小觑了。雪崩发生时，积雪会裹挟着岩石和树木从高处呼啸而下，时速可达 160 千米。

落在山上的降雪会层层堆积，而不断的堆积可能会使积雪加厚，并在重力的作用下变得不稳定，最终大块大块地剥离，朝着低处倾泻而下。有些雪崩的雪体可达上百万吨，崩塌过后，沿途只留下断树残枝，一片狼藉。

雪崩的形成有多种原因，强降雪、刮风、阳光照射或人类及车辆的移动都可能引发雪崩。

生存危机

关于气候变化对雪崩的影响，科学界一直存在争论。有些科学家认为，全球性气候变暖会导致雪崩越来越频繁，并且更加难以预测；而另一些科学家则认为，气温升高会导致降雪减少，从而降低高山雪崩发生的总频次。

雪崩无疑会给沿途的人和动物带来致命的伤害。不过，雪崩也可能带来新的生机，比如开辟栖息地，使被雪掩埋的腐肉暴露出来，将营养物质和水搬运到其他地方。

扫码看视频

伏击猎手：美洲狮

扫码看视频

冬季的到来，不仅使山区气温下降，还带来了短暂的白日和漫长的黑夜。这些美洲狮在南美洲的安第斯山脉狩猎，那里每天黑夜笼罩的时间可长达 15 个小时。幸运的是，这些大型猫科动物拥有出色的夜视能力，它们大部分的狩猎活动都是在昏暗的环境中进行的。

美洲狮是伏击型捕食者。它们通常藏身于岩石、巨石或灌木丛后面，等待猎物靠近。

在安第斯山脉南麓，美洲狮的主要猎物是美洲驼的近亲——原驼。原驼速度快、力量大，还能游泳，尽管如此，它们仍然需要保持警惕，以防被潜藏的美洲狮伺机猎杀。

小档案

美洲狮

学名： *Puma concolor*

分布： 北美洲、中美洲及南美洲（从加拿大一直到智利南部）

受胁等级： 无危

体长： 1 ~ 1.5 米（不含尾巴）

体重： 29 ~ 120 千克

特征： 体形大而修长的猫科动物。体毛较短，毛皮呈浅褐色。犬齿及裂齿发达。四肢不长但肌肉发达。爪宽大而有力，适合攀岩、爬树和捕猎。

成年原驼的体重是美洲狮的两倍。原驼的嗅觉和听觉都很敏锐，所以美洲狮必须潜行追踪，小心翼翼地接近它们。美洲狮会悄无声息地从下风处迫近原驼，然后猛扑上去，对其头部或颈部给予致命一击，或者用强壮的前肢牢牢钳制住原驼，直至其踉跄倒地。

小档案

智利红鹳

学名：*Phoenicopterus chilensis*

分布：南美洲西部和西南部

受胁等级：近危

身高：1.1 ~ 1.3 米

翼展：1.27 ~ 1.53 米

体重：2.5 ~ 3.5 千克

食物：小型水生生物。

特征：身体纤细，头部较小，喙大而弯曲，下半部呈黑色。羽毛呈淡淡的粉色，翅膀狭窄，长着黑色飞羽和红色覆羽。

高地求生：智利红鹳

南美洲的阿塔卡玛沙漠是地球上最干旱的地区之一，这里生活着一种鸟类——智利红鹳，又叫智利火烈鸟。夏天的时候，海拔较高的高原上气候温暖，智利红鹳就在这里的咸水湖栖息繁衍。到了冬天，气温会急剧下降，它们的生存环境就会变得十分恶劣。

智利红鹳长长的脖子和腿有助于远眺，它们甚至可以看到几千米外正在靠近的捕食者。

智利红鹳在咸水湖上哺育毛茸茸的灰色雏鸟，湖里有很多可供它们食用的虾类和藻类，正是这些食物赋予了成年红鹳独特的粉红色。

雏鸟长到四个月大的时候就可以自己觅食了，它们用弯曲的喙在水中捞取甲壳类动物食用。不过这个年龄的雏鸟还不够强壮，无法飞行。

雏鸟刚出生时，喙是直的。随着它们长大，喙逐渐变得弯曲。

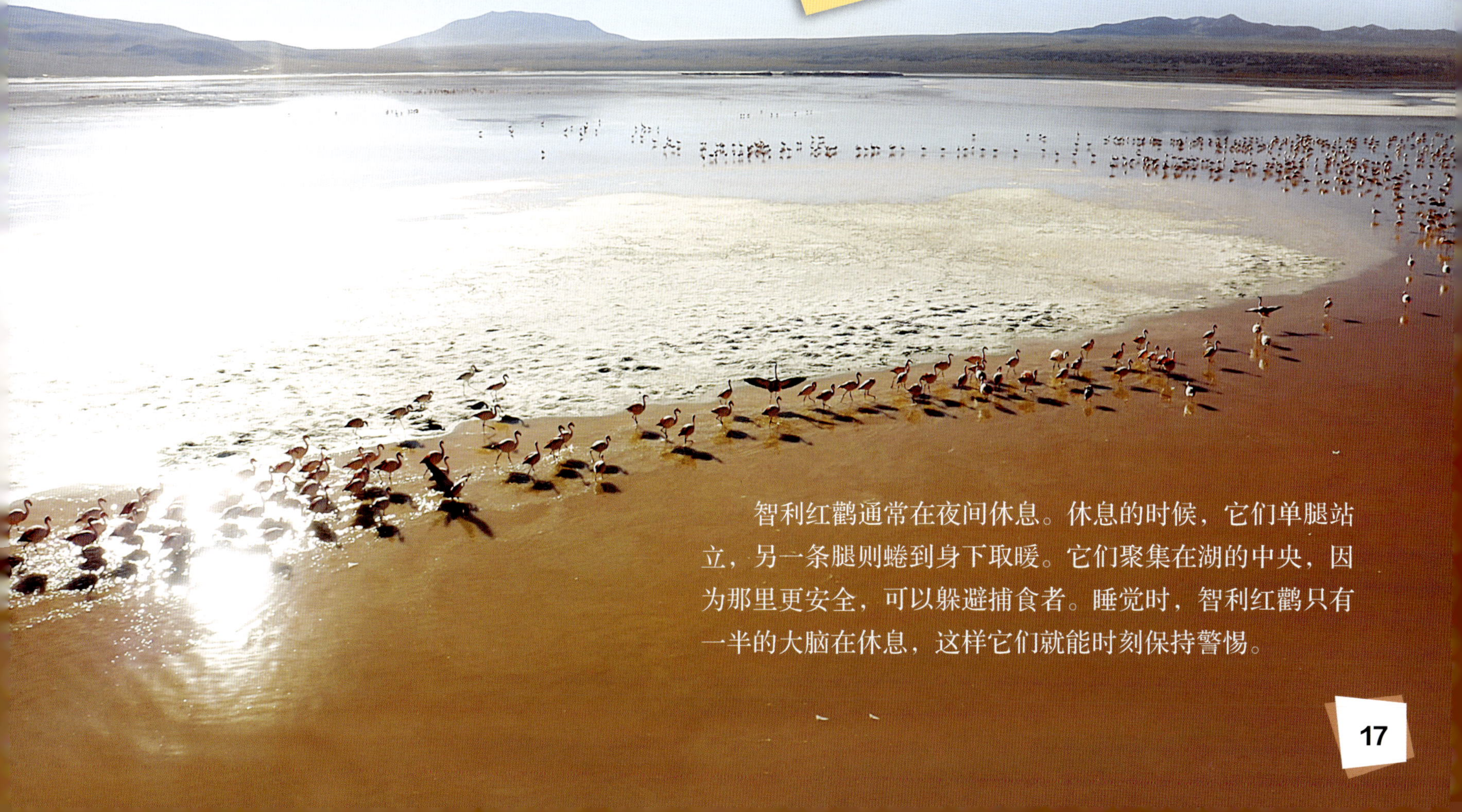

智利红鹳通常在夜间休息。休息的时候，它们单腿站立，另一条腿则蜷到身下取暖。它们聚集在湖的中央，因为那里更安全，可以躲避捕食者。睡觉时，智利红鹳只有一半的大脑在休息，这样它们就能时刻保持警惕。

在安第斯山脉海拔高达 4 000 米的高原上，栖息着三种红鹳。红鹳喜欢结群生活，它们聚在一起筑巢、休憩、进食和繁殖。红鹳群的规模很大，或数百只，或数千只，有的甚至可达数万只。它们聚集、栖息的湖泊富含火山盐，适合藻类和浮游生物生长，而这些生物正是红鹳赖以生存的食物。

冰上小剧场：迎风而起！

在高海拔地区生活不是一件容易的事情，对于智利红鹳的雏鸟而言，尤其如此。

随着冬季来临，气温下降，成年红鹳和雏鸟挤在一起取暖。

而成年红鹳最终会离开，飞向更加温暖的低海拔地区。

夜间气温降至0摄氏度以下，雏鸟被困在冻结成冰的湖面上。

它奋力挣扎，想要摆脱困境，但它的羽毛沾满了冰块和盐团，负重难行。

幼小的智利红鹳在冰封的湖面上滑行，试图起飞。随着气温略微升高，风势渐起。凭着这阵风的力量，它们刚好可以借力而起，飞上天空。

扫码看视频

俏皮精灵：啄羊鹦鹉

这种高山鹦鹉叫作啄羊鹦鹉，主要出没于新西兰南岛的冰川地区，已经适应了险恶的栖息环境。它们生性好奇，是世界上最聪慧的鸟类之一，并因其聪明机智和滑稽有趣而闻名。

啄羊鹦鹉是唯一一种生活在雪线之上的鹦鹉。它们以各种各样的植物和动物为食，在不同的季节会吃不同的食物，各类浆果、坚果、种子、叶子、根、茎和嫩芽，还有花蜜和花粉都是啄羊鹦鹉的时令佳肴。有时它们也会捕食昆虫，以及更大一些的动物，比如其他雏鸟、老鼠和兔子。啄羊鹦鹉还会用锋利而弯曲的喙啄食绵羊背上的脂肪和肉，或者啄取塔尔羊（一种像山羊的山地动物）的腐肉。

啄羊鹦鹉时常发出一种类似“keee-aaaa”的叫声，其英文名“Kea”由此而来。它们还会发出尖叫声、吼叫声、笑声，以及呜啭的颤音。

为了寻找食物，啄羊鹦鹉“不走寻常路”。它们会偷游客的食物，经常毫不客气地直接从游客的包里叼走，有时还会带走游客的护照和钱包。它们知道怎么打开垃圾桶，从里面扒出残羹剩饭。它们还会用工具触发白鼬诱捕器，再将诱饵收入口中。它们甚至还会撕下汽车的橡胶密封条或者撕开帐篷，继而“入室行窃”。

年长的啄羊鹦鹉会把雏鸟们聚集在一起，教它们如何觅食和生存。啄羊鹦鹉雏鸟们就像上学一样，除了一起学习，还在一起玩耍，建立彼此间的关系。

啄羊鹦鹉会发出一种社交性的鸣叫，召集附近的同类一起玩耍。有时，一只啄羊鹦鹉会仰面躺在地上，而其他鹦鹉会扑到它身上。

扫码看视频

啄羊鹦鹉通常在地面以上的洞里筑巢，这使得它们更容易被捕食者捕食。

人类曾以保护财产为名，射杀或毒死啄羊鹦鹉，这对它们的生存造成了极大的威胁。现在，啄羊鹦鹉已经受到了法律的保护。

小档案

啄羊鹦鹉

学名： *Nestor notabilis*

分布： 新西兰南岛

受胁等级： 濒危

体长： 45 ~ 55 厘米

体重： 0.8 ~ 1 千克

野外寿命： 20 年

食物： 植物、花蜜、昆虫，以及肉类和腐肉。

特征： 一种体形较大、飞行能力很强的鹦鹉。体羽呈橄榄绿色，羽毛边缘带有黑色，翅膀内侧的覆羽为橘红色。

乞力马扎罗山

乞力马扎罗山是一座休眠火山，其最高峰海拔为5 895 米，是非洲最高点，终年被冰雪覆盖。山上动植物种类繁多，从温暖湿润的山麓到冰冻寒冷的高峰皆有分布。乞力马扎罗山与附近的肯尼亚山上都有冰川，但这些冰川规模较小，前景堪忧。科学家们担心，这些冰川可能会在将来短短 20 年内完全消失。

随机应变：头盔变色龙

这是一只头盔变色龙，生活在非洲肯尼亚山的山顶附近。对于头盔变色龙这样的变温动物而言，这里海拔太高，也过于寒冷，绝非理想的栖息之地。

白天，头盔变色龙在阳光下晒太阳，吸收热量，身体变暖后，它们才能行动自如，捕获食物。它们以最快的速度伸出舌头，粘住昆虫，然后迅速将其拉回嘴里享用。头盔变色龙可以把舌头伸到比自己身长还要远的地方捕捉猎物。

头盔变色龙的皮肤可以从绿色变成近乎黑色，这可以帮助它们最大限度地吸收阳光的热量。

然而，到了晚上，这里的气温会降到零下4摄氏度，仿佛在一天之内就由夏入冬了。头盔变色龙会藏身于灌木丛中，心率下降，新陈代谢减缓，以求度过寒冷的夜晚。

当太阳再次升起的时候，头盔变色龙还不能马上开始活动，因为天气太冷了，它们的腿还很僵硬。不过，它们可以先用舌头弄点儿早餐吃。渐渐地，它们的体温升高了，刚好可以让它们挪到温暖的阳光下面。它们皮肤的颜色会逐渐变深，以吸收尽可能多的热量。

扫码看视频

头盔变色龙的舌尖有一个黏性吸盘，可以抓住毫无防备的昆虫，比如图中这只蟋蟀。

头盔变色龙的舌头仅需0.01秒就能从静止加速到时速96千米。

小档案

头盔变色龙

学名：*Triceros hoehnelii*

分布：非洲东部，如肯尼亚、乌干达

受胁等级：无危

体长：20 厘米

野外寿命：4.5 年

食物：昆虫和蜘蛛。

特征：鼻子上长有独角，背部有一排嵴棱，喉部有棘嵴。

这是一只雌性头盔变色龙，它怀孕了。它几乎已经做好了生产的准备，但还需要更高的温度以获得足够的能量，来完成分娩。于是它耐心地等待着，在阳光的照射之下，它生活的山坡即将变暖。

雄性头盔变色龙领地意识很强，它们会互相嘶吼示威，同时，皮肤的颜色会显著加深。

当温度达到20摄氏度时，它就可以开始分娩了。大多数变色龙的繁殖方式是产卵，而不是直接生出小宝宝。但头盔变色龙的栖息地过于寒冷，并不适合产卵，因为卵在如此恶劣的环境中很难孵化。所以，这些生活在高山上的变色龙的宝宝会在更加安全、温暖的母体内发育完成后才出生。

小变色龙躲藏在灌木丛中央，那里要暖和一些，同时也是躲避捕食者的安全场所。

这只雌性头盔变色龙在一小时内产下了六只小头盔变色龙，它们看起来就像父母的袖珍版。从现在开始，它们必须争分夺秒，在夜幕降临之前找到栖身之所，因为到那时，气温将再次降至0摄氏度以下。

山地居民：大熊猫

大熊猫是中国最著名、最具代表性的山地动物之一，它们生活在中国的山地森林里。冬天，大熊猫栖身于低处的山谷中，而到了夏天，它们会爬到海拔更高的地方寻找食物。

大熊猫和其他熊科动物一样，在适应自然环境的过程中成了杂食性动物。它们的消化系统既能消化植物，也能应对肉类，所以，大熊猫虽常吃植物，但偶尔也会“开开荤”，从鸡蛋、昆虫到小型啮齿动物，它们都吃，有时甚至还吃腐肉。

竹子的营养价值并不高，所以大熊猫每天要花10到16个小时来吃大量的竹子，以获得所需的营养。

不过，大熊猫吃得最多的食物还是竹子。尽管竹子坚硬难啃，但大熊猫的牙齿很大，下巴强壮有力，甚至它的爪子也适合将竹子握紧，以便于用力啃咬。

小档案

大熊猫

学名： *Ailuropoda melanoleuca*
分布： 中国中部的山林地区
受胁等级： 易危
体长： 1.2 ～ 1.8 米
体重： 80 ～ 150 千克
野外寿命： 15 ～ 20 年
食物： 主要为竹子，偶尔有腐肉和小型啮齿动物。
特征： 毛皮黑白分明，眼睛周围呈黑色，体形圆润。

生存危机

大熊猫曾一度濒临灭绝。在人类对大熊猫面临的困境加深认识之后，这一局面才得以扭转，大熊猫的数量也出现了喜人的增长。然而，新的威胁不期而至。气候变暖使得喜寒的竹林在低矮的山坡上逐渐消失，这样一来，以竹子为食的大熊猫的栖息地又减少了。

大熊猫主要通过肛周的气味来标记自己的领地。为了把自己的气味留在尽可能高的地方，它们会倒立起来，用臀部摩擦树干。

翱翔天际：金雕

欧洲的阿尔卑斯山每年都有一半的时间被冰雪覆盖。对于在那里生活的顶级捕食者金雕来说，这意味着食物缺乏，生存艰难。即便能熬过冬季，迎来春天，那些幸存下来的金雕依然面临挑战，因为春天正是它们哺育雏鸟的季节。

小档案

金雕

学名： *Aquila chrysaetos*

分布： 北半球大部分地区

受胁等级： 无危

体长： 76 ~ 90 厘米

翼展： 1.8 ~ 2.2 米

体重： 3 ~ 6 千克

野外寿命： 23 年

食物： 主要为哺乳动物，比如松鼠、野兔等，也有其他鸟类。

特征： 体羽呈深棕色，飞羽颜色较浅；头颈后部有金色羽毛。飞行时，翅膀尖端的羽毛状似手指。

成年金雕要靠很有限的食物撑过最寒冷的几个月，它们通常只能吃那些在严寒中冻死的动物的腐肉。成年金雕可以忍饥挨饿数日之久，但它们的雏鸟每天都需要多次进食。

金雕的巢穴很大，而且通常经久耐用，可以供它们的后代继续使用。

一对金雕夫妇通常一次哺育一到两只雏鸟。为了让自己的孩子有机会成长为优秀的猎手，它们必须出去觅食，喂养雏鸟。金雕是一种大型猛禽，它们体长近1米，翼展可超过2米，飞行速度能超过240千米每小时。

成年金雕常常结对捕猎，它们这次捕猎的目标是小臆羚。一只金雕以极快的速度俯冲而下，臆羚群四散逃窜，年幼的臆羚落了单；而另一只金雕则用它强有力的爪子抓起落单的小臆羚并不断攀升，随后将其扔到下方的岩石上摔死。最后，金雕们会把猎物叼回巢穴，让雏鸟尽情享用。

臆羚是一种牛科动物，栖息在陡峭的岩石地区。

成年臆羚的体重约是金雕的五倍。

北京市版权局著作权合同登记　图字：01-2024-5524

图书在版编目（CIP）数据

冰冻星球．Ⅱ．冰冻山峰 /（英）丽莎・里根文；管靖译．-- 北京：科学普及出版社，2025. 1. -- ISBN 978-7-110-10873-4

I. P941.6-49；Q95-49

中国国家版本馆 CIP 数据核字第 2024H5J062 号

BBC earth

冰冻星球 II

FROZEN PLANET II

冰冻星球

[英] 丽莎 · 里根 文 管婧 译

科学普及出版社
· 北 京 ·

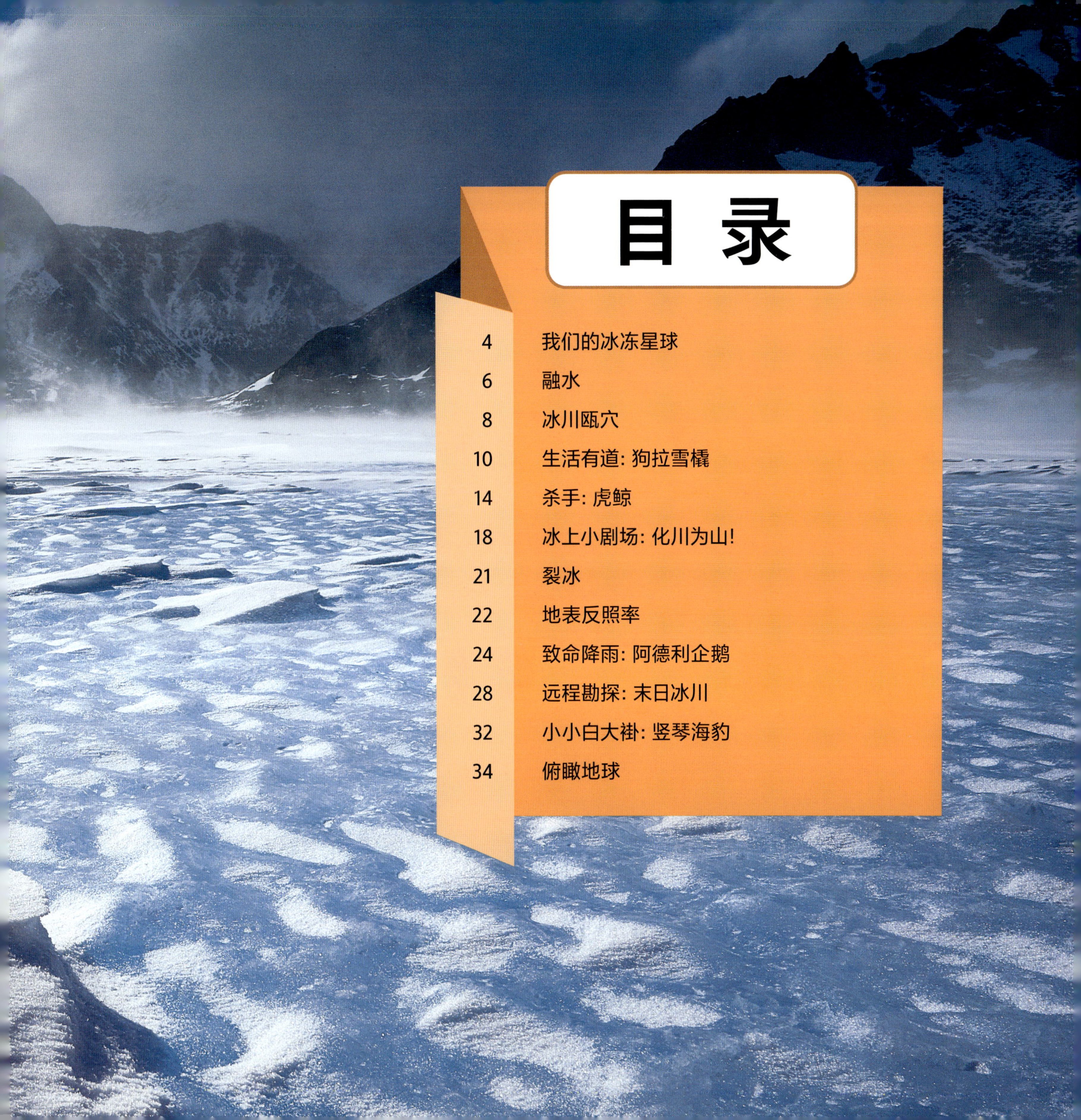

目 录

4 我们的冰冻星球
6 融水
8 冰川瓯穴
10 生活有道：狗拉雪橇
14 杀手：虎鲸
18 冰上小剧场：化川为山！
21 裂冰
22 地表反照率
24 致命降雨：阿德利企鹅
28 远程勘探：末日冰川
32 小小白大褂：竖琴海豹
34 俯瞰地球

我们的冰冻星球

栖息在世界极寒之地的生物已经适应了那里的冰天雪地和 0 摄氏度以下的气温。然而，随着全球气温的上升，这些栖息地正在发生着前所未有的快速变化，生活在这里的生物也在努力适应这种变化。研究人员和生活在极地或高山地区的原住民，都见证着这些变化带来的严重影响。我们不禁发出疑问：这种变化到底有多剧烈？未来又将何去何从？亡羊补牢是否为时已晚？

何处寻踪

在遥远的南极地区和北极地区，冰山正在不断形成，也在不断消融；在丹麦格陵兰岛，不畏严寒的因纽特人过着狗拉雪橇的狩猎生活。然而，因为栖息地的缩小，许多动物的生活都受到了影响。本书会告诉我们美丽的冰冻世界正在发生哪些变化，那些看上去不容乐观的情形是否真的值得担忧。

在地球上，水以冰和雪的形式出现的区域被称为冰冻圈。

融水

格陵兰岛的英文名是Greenland，意为“绿色的土地”，然而俯瞰这里，我们会发现，格陵兰岛其实并不是绿色的，而是白色的——这里是北半球冰储量最多的地方。然而，这片广阔无垠的白色地区正在被一条条、一块块的蓝色区域分割，科学家们为此忧心忡忡。这些蓝色区域是河流和湖泊，它们的水量越来越大，证明冰的融化速度正在加快。

格陵兰冰盖的冰雪总量约为300万立方千米，超过了除南极洲以外世界上其他区域所有冰雪的总量。每年自九月起，秋冬两季，格陵兰岛都会迎来降雪，积雪越来越多，形成了冰。春日来临，气温上升，部分冰雪又会融化。积冰、融水，年复一年，不断循环。

水流从冰层的裂缝中倾泻而下，形成瀑布，其落差可超过1 000米。

融水如同一条湍急的河流
从冰层中奔涌而过。

从卫星图像上可以观察到，河流和湖泊的融水比以前多，而参与实地考察的科学家观察到的比卫星图像反映的还要多得多。融水冲入冰层之中，形成一条条纵横交错的水道。有的水道看似狭窄，实则深不见底。融水水流湍急，将冰盖分割得支离破碎，碎冰以更快的速度流入海洋。

生存危机

冰雪融水最终会流入各个大洋，导致全球海平面上升。数据显示，海平面平均每年上升 4 毫米，然而科学家担心，气候变化会让这个数字快速增加。流入海洋的融水有四分之一源于格陵兰冰盖，而那里的气温比过去高了不少。这是一个全球性的大问题，因为格陵兰冰盖的储水量足以使海平面上升 7 米，从而引发危及沿海地区数十亿人口的灾难。

冰川瓯穴

融水在冰盖上快速流淌，一旦遇到冰面上的洞口和缝隙，就会倾泻而下，形成滚滚激流。汹涌的融水“开凿”出了一个个深深的隧道或竖井，这就是冰川瓯穴，又叫冰川锅穴。融水从冰川瓯穴的边缘飞流直下，流入冰盖底部。冰川瓯穴不仅向下延伸，还会在冰层中形成水平方向的通道，就像是树根在地下伸展、蔓延。

扫码看视频

冰川瓯穴就像冰盖表面的竖井。它们的直径可达10米，深度可超过20米。

生存危机

汹涌而迅猛的水流引起摩擦并产生热量，温度稍稍升高的水再通过纵横交错的水道流进冰盖，进一步破坏了冰盖，使冰盖更加脆弱。最终，冰川上的冰断裂开来，滑向海岸，进入海洋，成为冰山。科学家们用延时摄影技术记录下了这一过程，格陵兰岛一些冰川的前缘每天移动的距离超过 20 米。如今，部分冰川的移动速度已达到 30 年前的三倍。

生活有道：狗拉雪橇

在寒冷的北极地区，居住着大约 400 万人，格陵兰岛卡纳克镇就生活着一群因纽特人。他们有着自己的生活之道，能够在气温低于 0 摄氏度、冬季黑暗漫长、夏日白昼无尽的环境中安居。

在冰上捕猎海豹和海象是当地居民生活的一部分，这些猎物为他们提供了食物、毛皮和生计。有些地方的海冰很薄，也很危险，但当地居民穿越海冰的经验非常丰富，技术十分娴熟。他们出行所乘坐的交通工具是笨重的雪橇，上面装载着狩猎装备，由狗拉着前进。如果冰面太薄，拉雪橇的雪橇犬就会有所察觉并停止奔跑。人们对这些雪橇犬十分信任，见此情形就知道狩猎之旅到此结束，必须掉头回家。

因纽特人最早在这里定居的时间可以追溯到4 000多年前。他们有着世代传承的传统和技能，包括狩猎和狗拉雪橇。

卡纳克镇位于格陵兰岛西海岸，那里的狗比人还多！

生存危机

虽然因纽特人尊崇自己的传统，但他们也并非一味地因循守旧，而是会与时俱进。他们的街道和房屋既有照明又有供暖，日常生活中并不缺少现代化设施。然而，全球变暖正在影响因纽特人的生活方式。海冰变得越来越薄，越来越小，破碎程度也越来越高，其表面还有水坑。这样一来，狗拉雪橇行进的距离就极为有限，猎人们只能勉强维持生计。

雪橇犬通过团队合作来完成拉雪橇的任务。它们之中有些负责带头领路，有些负责掌握转弯的方向，有些则负责提供速度和力量来拉动重物。雪橇正前方的雪橇犬必须强壮冷静、沉着稳定，以免被紧随其后的雪橇干扰。

北极地区的雪橇犬品种不一。它们中的大多数是哈士奇犬（西伯利亚雪橇犬）或马拉穆犬（阿拉斯加雪橇犬），不过也有其他合适的品种，例如萨摩耶犬和奇努克犬。

扫码看视频

杀手：虎鲸

虎鲸有时也被称作“杀手鲸”，是体形最大的海豚科动物。虎鲸遍布世界各大洋域，但它们的行为、习性和食性会因生活区域的不同而存在差异。

虎鲸群有不同的生态型之分，相互间外形略有差异。

虎鲸的捕食对象极其多样，不仅有鲨鱼等鱼类，也有各种海鸟，还有海豹、其他鲸类等大型海洋哺乳动物。然而，对于具体的某个虎鲸群来说，其食物种类就相对有限了，不同的虎鲸群会练就捕食某些特定种类猎物的本领。

在北太平洋，有些虎鲸群会捕食比自己体形大得多的北露脊鲸，即弓头鲸。虎鲸以体形相对较小的幼年北露脊鲸为目标，成群结队地围猎它，直到这头年幼的北露脊鲸被累垮，无力逃脱。

虎鲸是世界上分布范围最广的海洋哺乳动物。

生存危机

如今，北极地区的食物链正受到气候变化的影响。夏季冰层的减少使虎鲸不得不冒险进入更靠北的洋域。那里原本被浮冰封锁，而今缺少冰层的阻挡，猎物便更加难以躲过虎鲸的袭击。这种情况虽对虎鲸有利，但也存在一定隐患。一旦冬季来临，海水开始结冰，虎鲸自身就有被困的危险。

自然界存在一种共通的规律：特殊技能可以帮助动物生存，但同时也可能削弱它们应变的能力，使它们难以适应不断变化的世界。对于虎鲸来说也是这样。

研究南半球的虎鲸的科学家根据它们的主要食物偏好，把它们分成了几种不同的类型。

A型虎鲸在远离冰面的地方捕食南极小须鲸。B1型虎鲸则利用浮冰捕捉海豹。同样在碎冰间游弋捕食的还有B2型虎鲸，但它们的目标是企鹅。C型虎鲸沿着冰面上裂开的水道游弋捕猎，以鱼类为食。D型虎鲸出没在亚南极区域，它们有时会偷吃渔民捕获的鱼。

有时，虎鲸会把头探出水面，以便更好地观察周围的情况。这种行为被称为“浮窥”。

生存危机

与地球上的其他地区相比，极地地区正在发生的变化尤为明显，这对生活在那里的生物产生了巨大的影响。B1 型虎鲸的首选猎物原本是韦德尔海豹，但韦德尔海豹的数量正在减少，虎鲸不得不另寻目标，捕食其他种类的海豹。现在，海面上可供海豹休憩的浮冰减少了，无论是韦德尔海豹，还是替代它们成为虎鲸捕食对象的其他海豹，都只能爬到海滩上去休息，这样一来，虎鲸就很难捕捉到海豹了。南半球的一些水域曾是虎鲸繁衍生息的乐园，如今，科学家们却发现，生活在那里的虎鲸已经开始消瘦，出现了营养不良的迹象。

冰上小剧场：化川为山！

格陵兰岛西部的施托雷冰川长约5 000米，高可达120多米，宛如一段雄伟的冰冻长城。在夏季解冻期，施托雷冰川上的一些冰脱离主体，轰然坠入大海，形成冰山。

图中这艘船正在接近施托雷冰川的前缘。年复一年的夏季解冻给北极水域带来了数百万座漂浮的冰山。在这些冰山之间航行十分危险，而这艘船选择的正是这样一条危险的航线。

当冰川移动到海岸时，它的前缘会“探出头来”，悬于海面上方，摇摇欲坠，并最终断裂，坠入海中。

很多冰山都拥有庞大的“身躯”。在全球海平面上升的过程中，这些由淡水构成的冰山“作恶多端”，没有一座是“无辜”的。

大块大块的冰骤然脱离冰川，急坠入海，发出轰隆巨响。

扫码看视频

裂冰

冰川上的冰断裂开来，坠入海洋，形成冰山，这一过程被称为裂冰。北极地区的夏季，冰川崩解形成的冰山数不胜数，几乎把海面塞得满满的。有些冰块犹如摩天大楼，坠海之时溅起巨大的水花，就连入水处周围的巨型冰块也跟着飞出了海面。有些大型平顶冰山的面积相当于一座城市，需要十多年的时间才能完全融化在海里。冰川融化既有消极的影响，也有积极的作用——虽然会导致全球海平面上升，但也会把对海洋生物有益的营养物质释放到海水中。

地表反照率

研究表明，地球表面覆盖的冰层正在缩小。毫无疑问，这样的变化会对生活方式与冰息息相关的动物和人类产生重大影响。除此之外，冰层缩小还会给地球本身带来影响。

为什么很多人在夏天都更爱穿浅色衣服？为什么在气候炎热的国家，建筑物更有可能被刷成白色？这些都是因为浅色物体表面对光线的反射率比深色物体表面更高。地球表面被冰层覆盖的白色区域将太阳光反射回太空中，从而帮助大气层保持温度稳定。随着更多的冰融化，被冰层反射的阳光减少；与此同时，海洋等颜色较深的地表更多地显露出来，会吸收更多的热量。两种作用叠加，导致对应区域气候变暖。

冰层消失得越多，深色地表也就显露得越多。更多的深色地表会吸收更多的热量，又将进一步促进冰的融化。

1979年至2011年，北极地区的反照率下降了0.04，这一数字着实令人担忧。

生存危机

浅色物体表面的“冷却”作用被称为反照率效应。科学家可以对反照率进行测定。假设地表完全被冰覆盖，那么到达地球的太阳能量大约有 84% 会被反射回太空，也就是说此时地表反照率为 0.84。据测算，在 20 世纪 70 年代，地表反照率约为 0.3，即大约 30% 的太阳辐射能量会被反射回太空。而令人担忧的是，地球表面的平均反照率正在下降，再加上其他因素的影响，更加促进了两极海冰的减少。

致命降雨：阿德利企鹅

世界上仅有三种企鹅能在南极大陆的恶劣环境中繁殖，阿德利企鹅就是其中之一。它们已经适应了寒冷干燥的生活环境，每年都会回到陆地上的同一个繁殖地，筑巢、孵蛋并抚育雏鸟。

阿德利企鹅雏鸟全身覆盖着棕灰色的绒羽，等到它们成年，这些绒羽最终会换成黑白两色的防水羽毛。“变装”完成之后，它们就可以去海洋里捕猎了。

阿德利企鹅虽然体形较小，但性格坚韧。成年阿德利企鹅在浮冰周围的海水里过冬，以海洋生物为食。到了春天，它们纷纷上岸，聚集成大型集群，一个集群有时会有成千上万只企鹅。一对交配繁殖的阿德利企鹅伴侣会筑起一个小丘一般的巢，并在周围用小石头围成一圈。一对伴侣通常同时孵两枚蛋，并且会轮流坐在这些蛋上，给蛋保暖。

扫码看视频

生存危机

如今，气候变化使企鹅繁殖区域的降雨量大大增加，而阿德利企鹅雏鸟并不适应如此潮湿的生存环境。湿透的绒羽会让雏鸟感到非常冷，雏鸟甚至会因此冻死。目前，一些地区的阿德利企鹅的数量正在急剧下降。曾经，有大约 2 万只成年阿德利企鹅在繁殖季节聚集于西南极洲托格森岛；但现在，这里只有大约 400 对交配繁殖的阿德利企鹅伴侣。

小档案

阿德利企鹅

学名： *Pygoscelis adeliae*

分布： 南极洲海岸及附近岛屿

受胁等级： 无危

身高： 46 ~ 75 厘米

体重： 3 ~ 6 千克

野外寿命： 5 ~ 16 年

食物： 枪乌贼、小型鱼类和包括磷虾在内的甲壳类动物。

特征： 雏鸟身披深灰色蓬松羽毛。成年个体胸部是白色的，头部、背部和翅膀皆为黑色（翅膀内侧颜色较浅）。喙的颜色较深，部分有羽毛覆盖。腿、脚均呈粉色。眼周有一圈独特的白环。

远程勘探：末日冰川

对于科学家们来说，在西南极洲研究冰川并不是一件轻松的工作。他们得在这个号称“世界上最难到达的地方”安营扎寨，并借助机器人来开展研究。

这里是思韦茨冰川，其面积与英国国土大小相当，它可能是地球上最宽阔的冰川。目前，位于它前缘的巨大的冰架部分像塞子一样阻挡着冰川的前进，从而阻止了冰川进一步崩裂。冰架已经布满了裂缝，这些裂缝可能会使冰架日渐脆弱，并最终崩塌、瓦解。

扫码看视频

思韦茨冰川是南极洲变化最快的大型冰川之一，被戏称为“末日冰川”，因为它警示着地球上的巨大变化。

生存危机

气候变化正在使思韦茨冰川下方的海水升温，从而导致冰川底部开始融化。如果冰川中固结的冰最终倾泻入海，就可能会使全球海平面上升至少 0.65 米。而这将导致数百万人身陷灾难，很多沿海城市都将面临严重洪涝的巨大风险。

为了进一步深入探索，科学家们使用机器人水下探测器来记录冰架下方的水温。他们向下钻孔，然后使用小型爆炸装置在冰面下 600 米深的地方炸出一个洞，再将机器人水下探测器下沉到这里。

这个机器人水下探测器名叫“冰鳍”，其形状近似鱼雷，适合在水中穿行。

对思韦茨冰川的勘测是70多年来最大规模南极考察的任务之一。来自多个国家的科学家在此共同研究气候变化带来的影响。

小小白大褂：竖琴海豹

新生的竖琴海豹宝宝长着一身白色的绒毛，因此被昵称为“白大褂”。出生约三周后，它们会褪去白色绒毛，换上灰色毛皮。

这只可爱的竖琴海豹幼崽会在漂浮的海冰上度过它生命中最初的几周时光，学习独立生存的本领。这些竖琴海豹生活在北极地区，那里的环境变化极易对它们的生活造成影响。

竖琴海豹是北极地区的旅行家，它们的身影遍布各处，但很少在一个地方长时间驻留。竖琴海豹生活在北冰洋和北大西洋，从加拿大的哈得孙湾到俄罗斯的法兰士约瑟夫地群岛一带，都能见到它们的踪迹。每到二月下旬，竖琴海豹的繁殖期就开始了。成年竖琴海豹会聚集在一起交配、繁殖，至于繁殖地点，它们大多都会选择四个“育儿基地”中的一个。竖琴海豹的生活离不开海上的浮冰，它们需要在冰面之上产崽，在冰面之下捕食鱼类。

全球气候变暖意味着夏季解冻期来得越来越早，这使得海豹幼崽赖以栖身、成长并发育成熟的浮冰供不应求。

新生的竖琴海豹宝宝蓬松的白色绒毛有助于抵御严寒。竖琴海豹宝宝主要在浮冰上生活，时而玩耍，时而打滚，咬咬鳍肢，吃吃睡睡，还会呼唤自己的妈妈。一段时间之后，竖琴海豹宝宝会褪去白色绒毛，换上灰色的“衣裳”。换装后的竖琴海豹幼崽依然在浮冰上生活，它们还需要不断增加肌肉力量，这样才能成为游泳健将。

竖琴海豹妈妈的乳汁中含有50%的脂肪和11%的蛋白质，能够帮助幼崽尽快增加体重。

俯瞰地球

国际空间站在地球上空盘旋，大约90分钟环绕地球一圈，因此每隔一定的时间就会从同一个地点上方掠过。这样，空间站内的宇航员就可以拍摄照片并记录下随着时间推移而发生的变化。

从太空俯瞰，地球上一些最为宏大的现象可以尽收眼底，而这些现象很多都与全球变暖和气候变化相关。在距离地球表面 400 千米的太空观测点上，科学家们可以看到地球上的野火蔓延、冰帽消融，可以追踪极端天气事件，并从整体上研究人类大规模聚居带来的影响。而这些观测数据能够传递给我们怎样的信息呢？很明确的一点是：世界上很多地方都在遭受苦难，但希望尚存。如果人类从现在开始做出改变，那么拯救地球之殇，为时未晚！

北京市版权局著作权合同登记　图字：01-2024-5524

图书在版编目（CIP）数据

冰冻星球．Ⅱ．冰冻星球 /（英）丽莎·里根文；管靖译．-- 北京：科学普及出版社，2025. 1. -- ISBN 978-7-110-10873-4

Ⅰ. P941.6-49；Q95-49

中国国家版本馆 CIP 数据核字第 2024BL8574 号